最强大脑：就是让你记得住

史上最高效的270个记忆法

斗南◎主编

中国华侨出版社
·北京·

图书在版编目 (CIP) 数据

最强大脑：就是让你记得住，史上最高效的 270 个记忆法 / 斗南主编 . —北京：中国华侨出版社，2015.1（2024.1 重印）
ISBN 978-7-5113-5166-1

Ⅰ . ① 最… Ⅱ . ①斗… Ⅲ . ①记忆术 Ⅳ . ① B842.3

中国版本图书馆 CIP 数据核字（2015）第 024152 号

最强大脑：就是让你记得住，史上最高效的 270 个记忆法

主　　编：斗　南
责任编辑：张　玉
封面设计：冬　凡
美术编辑：李丹丹
经　　销：新华书店
开　　本：880mm × 1230mm　1/32 开　印张：8.5　字数：253 千字
印　　刷：三河市华成印务有限公司
版　　次：2015 年 6 月第 1 版
印　　次：2024 年 1 月第 21 次印刷
书　　号：ISBN 978-7-5113-5166-1
定　　价：46.00 元

中国华侨出版社　北京市朝阳区西坝河东里 77 号楼底商 5 号　邮编：100028
发 行 部：（010）88893001　　传　　真：（010）62707370

前言

为什么我们如此在乎自己的记忆？仅仅是为了找到被遗忘的钥匙或者想起有用的数字吗？答案是否定的。记忆包括我们的身份、个性与智力，以及所有我们想要保存的经历的总和。事实上，我们一直不断地将记忆运用于日常生活中，尽管我们常常没有意识到这一点。

如今，我们生活在一个信息爆炸的时代，每时每刻都有大量新技术知识和信息问世，而其中的一些知识和信息是我们不得不了解甚至要记住的。然而我们每个人都会遭遇遗忘的问题：写作时提笔忘字；演讲时张口忘词；面对无数英语单词、计算公式总也记不住；走出家门后突然想起煤气没关；去了趟超市到家后发现很多该买的东西忘了买；到银行取钱却发现密码记不起来；把合作谈判的重要会议抛在脑后……

为什么学习那么用功却总也记不住？为什么电话号码、重要纪念日记了又忘？为什么看到一张十分熟悉的面孔就是想不起名字？为什么连重要的谈判会议都能忘词？你是否对自己的记忆力抱怨不已？你的记忆潜能还有多少没有被挖掘出来？你是否想拥有超级记忆力，成为读书高手、考试强将、职场达人？

研究表明，人脑潜在的记忆能力是惊人的和超乎想象的，只要掌握了科学的记忆规律和方法，每个人的记忆力都可以提高。记忆力得到提高，我们的学习能力、工作能力、生活能力也将随之提高，甚至可以改变我们的个人命运。

众所周知，随着年龄的增长，我们的记忆力会减退，然而这不并是无法改变的灾难，在明白了我们的记忆是如何工作之后，我们可以使它的效能达到最大化，从而提高学习能力、工作能力和生活能力。

为了帮助读者开发大脑潜能、改善记忆力状况、快速获得提高记忆力的方法，本书在综合了记忆领域最新研究成果的基础上，以浅显易懂的语言对记忆进行了剖析，阐述了记忆的细胞机理，探讨了快速提升记忆力的9大法则，并提供了完善的、全新的、高效的和容易理解掌握的记忆理念和记忆方法。全书内容涉及高效记忆图像、速记词句、巧记数字和字母、准确记忆事实、牢记琐事、有效记忆有关联的事物等部分，编者精心设计的大量思维游戏和练习有助于读者根据自己的步调与具体的对象，找到并发展适合自己的记忆方法。只要认真按照本书中的方法去做，就一定能开启你的记忆潜能，从而成为记忆超人，从而获得成功。

良好的记忆是获取成功的基石之一，也是许多人登上事业顶峰不可或缺的重要因素。记忆力的好坏，往往是学业、事业成功与否的关键。在历史上，许多杰出人物都有着超凡的记忆力。古罗马的恺撒大帝能记住每一个士兵的面孔和姓名，亚里士多德能把看过的书几乎一字不差地背诵出来，马克思能整段整段地背诵歌德、但丁、莎士比亚等大师的作品……

本书是迅速改善和提高记忆力的实用指南，囊括了古今中外应用最广泛、最高效的记忆方法。随着记忆力的提高，你会发现自己的知识结构更加完善，处理问题更加得心应手；你会发现自己的自信心大大提高，在说话时更加有底，办事时更有效率；你还会发现自己的学习力、判断力、分析力、决策力等都随之得到了增强。

丰富的内容、精彩的游戏、科学有效的方法，结合大量的实用技巧，不仅可以帮助各类学生提高学习效率，而且对于上班族、需要创造力及想象力的专业人士，以及随着年龄的增长而有必要重新给大脑充电的人，都有极大的帮助。

目录

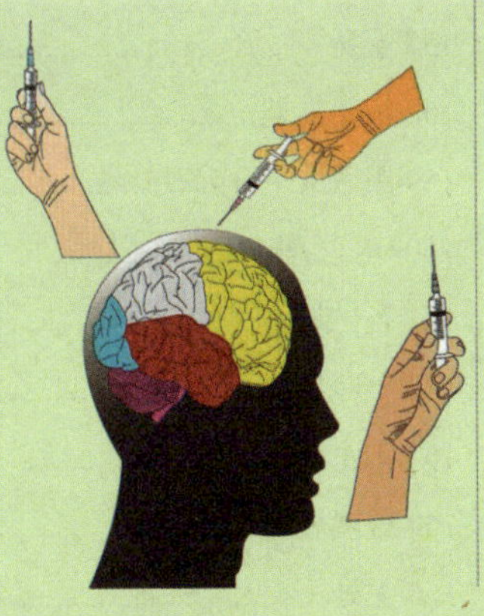

1
2
3
4
5
6
7
8
9

第六章　牢记琐事..........187

第七章　有效记忆有关联的事物...213

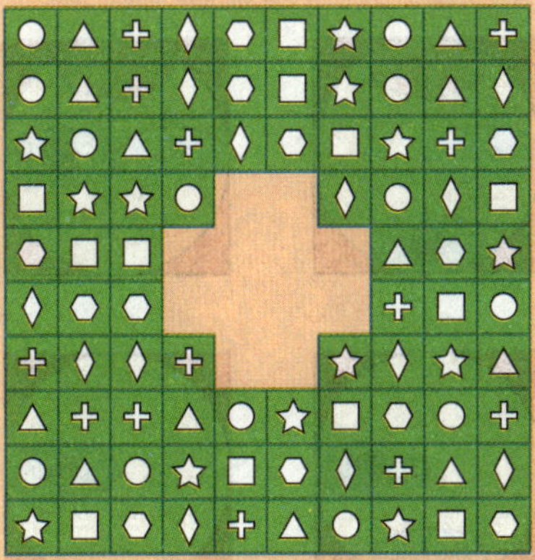

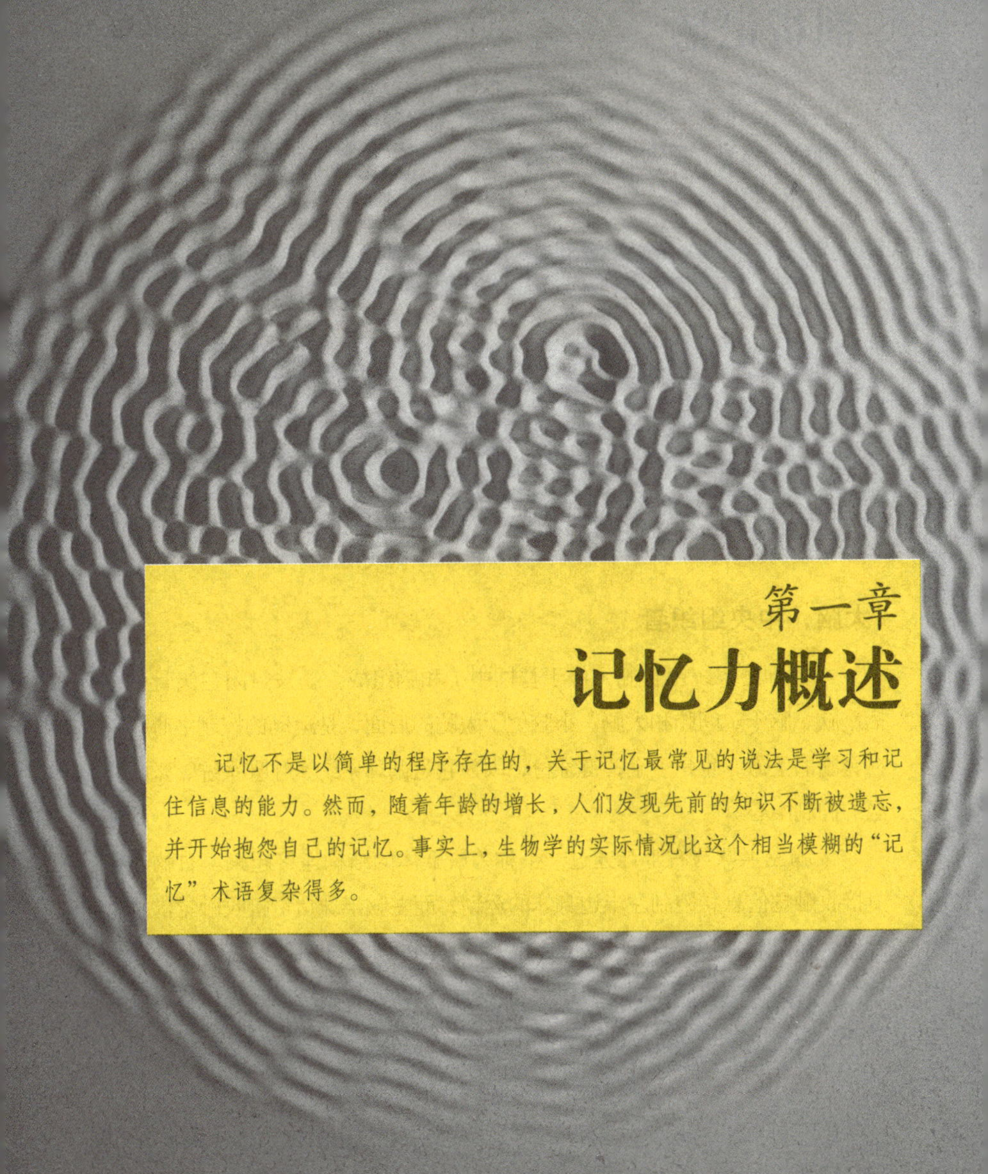

第一章

记忆力概述

记忆不是以简单的程序存在的，关于记忆最常见的说法是学习和记住信息的能力。然而，随着年龄的增长，人们发现先前的知识不断被遗忘，并开始抱怨自己的记忆。事实上，生物学的实际情况比这个相当模糊的“记忆”术语复杂得多。

剖析记忆

记忆功能的正常运转需要整个神经系统的参与，神经系统负责传递并处理感觉信息。感觉信息影响着我们的情绪、行为（比如语言）和个性，以及记忆的特殊性。

神经系统

神经系统由周边神经系统和中枢神经系统两部分组成，神经网络遍布全身的各个部分（皮肤、肌肉、关节等），包括所有的器官、腺体和血管。神经系统将外界的信号（视觉的、听觉的等）传递给大脑，使人体以运动的方式反馈回应。例如，大脑将听觉信息解码后，回应的动作才能被组织起来。并不像我们想象的那样，大脑是中枢神经系统的唯一构成物。

大脑，中央组织者

中枢神经系统由脊髓（位于脊柱中）和脑组成。脑被封闭在头骨中，包括小脑、脑干、间脑和大脑。小脑位于大脑的后面，是运动的控制中心。脑干在脊髓的上方，也是一个关键部位，因为它是循环系统、呼吸系统、觉醒和体温的控制中心。

大脑左半球与右半球通过一个称为胼胝体的结构连接起来。右脑半球负责接收触觉信息和控制左半边身体的运动，而左脑半球负责接收触觉信息和控制右半边身体的运动。每个脑半球都以复杂的方式分析听觉信息和进行思维，它们在一些特定的行为中扮演着重要角色。例如，左脑半球控制语言，而右脑半球参与分析空间位置和掌管面部表情。

当感觉到达大脑时

脑半球的表面被许多脑回缠绕包裹着，并被几条沟分成 5 个主要的区域：枕叶、顶叶、颞叶、额叶和岛叶。岛叶隐藏在外侧沟深处，参与调节感觉信息。

枕叶、顶叶和颞叶位于脑半球后部，分别控制一项或几项感觉功能：枕叶负责视觉，顶叶负责触觉，听觉、味觉和嗅觉由颞叶负责。当然，它们之间的连接部分可以交换、比较和修改各自所带的信息。

额叶位于大脑前部，占了整个大脑的 40%，是一个专门负责复杂行为的区域，管理着个性、创造力以及精密的认知行为，比如计划、策略、组织、预测等。

每种类型的记忆有其对应的大脑区域负责

根据所涉及的是要记住一条新信息，还是回忆过去的时间、地点或是以往学过的知识、经历的感情，记忆功能所要求和利用的环路是不同的。

短期记忆

短期记忆的每个组成部分都与不同的大脑区域相连，语音圈与大脑左半球的顶叶和额叶区相连，视觉－空间记事区位于大脑后部，中央管理者可能与左脑半球的额叶联系着。

大脑和神经系统

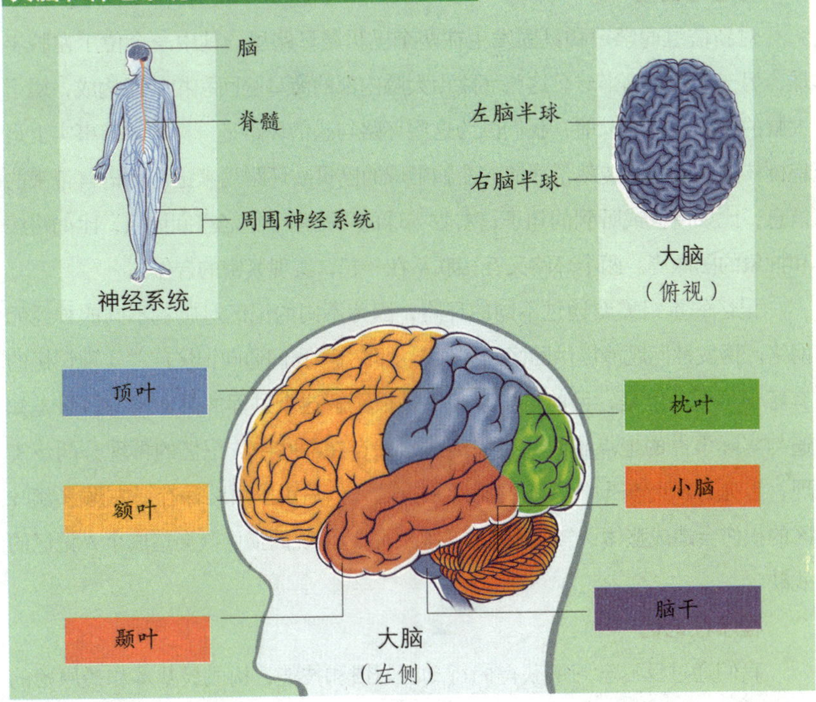

▲ 中枢神经系统由脊髓和脑组成，大脑的每个部分都与一个确定的功能相结合。

巴贝兹环路

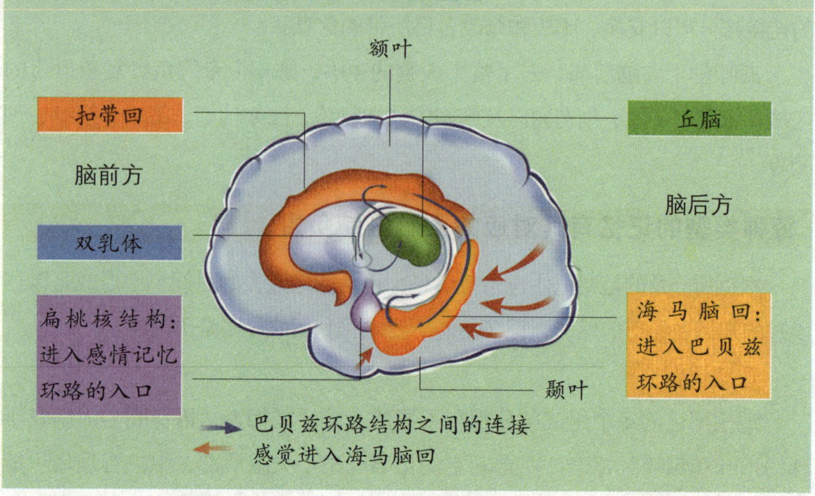

▲ 大脑半球内层部分有 4 个相互连接着的巴贝兹环路，这些环路用于对新信息的学习。

陈述性记忆

对新信息的学习和巩固发生在两个巴贝兹环路里，其中一个位于左脑半球，另一个在右脑半球。这些环路由大脑内部的海马脑回和扣带回构成，属于大脑的边缘系统。以前，我们以为这些环路与感情环路是一样的，但事实上是扁桃核结构给记忆装载了感情。左脑半球的巴贝兹环路用来记忆由语言带来的信息，比如阅读或听到的句子；右脑半球的环路用于记忆空间信息，比如路线和抽象的图像等。两个环路又互相联系在一起，实现紧密的合作。

记忆的重组需要通过不同的环路，因为不同的记忆对应着不同的神经元网络。诱发性问题能提供回忆的线索，从而引导我们通向记忆库并实现记忆的有意识再现。但是，目前科学家还不是很了解这个过程的具体情况，只是知道与实际事件的地点和时间相关的线索保存在额叶中。记忆的再现分两步实现，首先靠额叶与颞叶区域的激活来重建，然后由脑后区保存。左颞－额叶区的损伤会造成整体认知的困难，对应的右边系统的损伤则会造成个人记忆的残缺。

程序性记忆

我们通过反复学习所获得的行动、习惯和技能，构成最基本和最原始的记忆形式。运动习惯的形成归功于 3 个大脑区域之间的相互联系，它们以间接的方式参与对运动功能的控制：小脑、大脑深处的区域（纹状体和丘脑）和顶－额叶的某些局部。

感情环路

给记忆加上感情色彩能够调整行为适应各种状况。例如，当我们看到蜘蛛时会恐惧、惊叫、逃脱或采取防御行为。这种感情的“着色”通过一个特殊的环路得以实现——扁桃核环路。构成感情环路入口的扁桃核结构与大脑的其他众多区域都相关联，它接受来自所有感觉区域的信息，也与控制本能（比如饥饿、干渴、欲望、愉悦）的海马脑回联系着。这一结构还与控制自主神经系统的脑干区域相连，调节心脏和肺部功能，以及皮肤的反应，这就解释了为什么恐惧和愉悦总伴随着心跳加速、呼吸加快、过量出汗和皮肤泛红。

对新信息的学习

巴贝兹环路的入口是海马脑回。信息从海马脑回出发，通过双乳体和丘脑（这两个大脑区域使得信息得以长时间保存），当经过额叶内层的扣带回时，会与已经存储的其他信息进行比较。扣带回扮演着一个重要的角色，我们越是对一条信息感兴趣就越容易记住。最后，被处理过的信息重新回到海马脑回被巩固。

巴贝兹环路能为同一事物的不同组成要素编码：视觉的、听觉的、嗅觉的，以及地点和时间，并在其中加入感情特征。神经元网络将所有要素之间的连接轨迹分别储存在不同的大脑区域中，于是记忆被“分散”了。巴贝兹环路不是用于信息的最后储存，也不干涉短期记忆和程序性记忆，所以，海马脑回或巴贝兹环路的损坏将只会影响到陈述性记忆。

对信息的巩固

可以通过新的学习或者简单的重复来巩固已被储存的信息，例如为了记住一首诗而反复背诵。在连续重复时巴贝兹环路扮演着重要角色，颞叶会逐渐加强分布在大脑中的不同元素之间的联系。

记忆的细胞机理

神经系统是由几十亿个功能不同的神经元构成的。感觉器官的神经元把来自周围神经系统的信息（视觉、听觉、味觉、嗅觉、触觉）传递到大脑，而运动神经元把它们传向相反的方向以控制肌肉。大脑本身也是一个复杂的神经元网络，用于整合感觉信息，并决定做出何种回应。

为了弄清楚记忆所依赖的生理和生物化学机理，首先必须了解单个神经元是如何传递信息的，以及与其他神经元是如何接合的。

神经元和突触

神经元是一种特殊的细胞，能够更新、传递和接收电脉冲，或者更确切地说是生物电，因为这种电现象产生于活的生命体。电脉冲（称为动作电位或者神经冲动）先在一个神经元内部传递，然后在构成整个神经系统的网络中传递，某些神经纤维每秒能够传输150米。

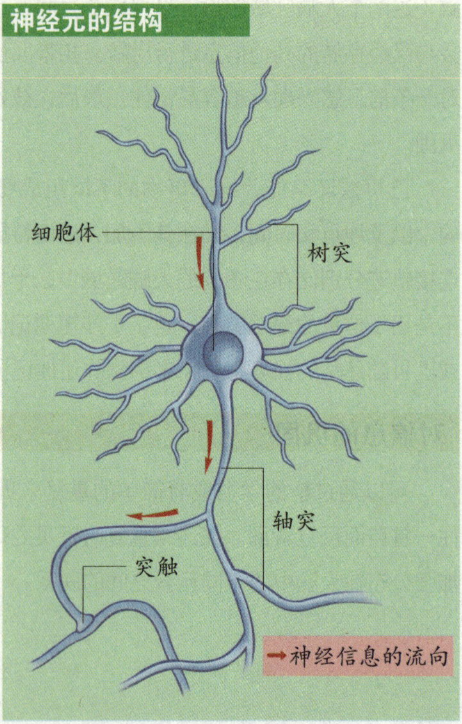

▲ 神经元是一种非常特殊的细胞，专门负责神经信息的传递。

神经元细胞体包括细胞核、树突和轴突。轴突是一个单一的延长部分，长度从1毫米到1米不等，在末端都形成球状。动作电位通过轴突被传递到位于另一个神经元表面的接收器上，连接两个神经元的“接合”区域称为突触，根据其承担功能的不同，每个神经元与其他的神经元通过 1 000 ~ 100 000 个突触连接在一起。

信息如何传递

细胞膜起着划分电势能的作用，细胞外部为正，细胞内部为负。有些细胞称为应激细胞，如神经元，这种细胞能够产生动作电位，一种和正负电极转换有关的生物电刺激。在千分之几秒内，大量汇集在细胞膜上的钠离子（正离子）进入细胞内，迅速改变细胞内外的极性，使得细胞内部变成正极，外部为负极。

为信息编码

动作电位差约为 100 毫伏，它们的频率随着需要传输的信息的变化而变化，刺激越强烈频率就越紧凑。动作电位就像一种简易的莫尔斯代码，由简单的符号与停顿组成，或像只使用 0 和 1 的计算机二进制语言。

从一个神经元传递到另一个神经元

动作电位通常在树突的表面产生，延伸到整个细胞体，直到轴突的顶端，表现为生物电形式的信息通过突触从一个神经元传递到另一个神经元。

当动作电位到达前突触的轴突末梢时，化学分子——神经递质被释放到两个神经元之间的突触空间中。随后，化学分子固定在后一个神经元的接收器上，引起化学反射串，在第二个神经元里促发动作电位（激发突触传递），或反之，阻止动作电位（抑制突触传递）。

同一个突触可以释放不同类型的神经递质，至今已发现 100 多种，如谷氨酸、γ－氨基酸和乙酰胆碱都出现在与记忆相关的大脑活动中。

记忆的细胞机理

一个人在出生时拥有约 400 亿个神经元，它们之间通过众多突触相互连接，特别是在大脑中。神经元网络随着生命的进程而改变，一些连接将被巩固（例如通过学习），另一些则被消除。这就是我们所说的神经元和大脑的“可塑性”。

然而，人类神经系统如此复杂，以致无法研究记忆的细胞机理。目前，关于这个领域的大部分研究，均来自对无脊椎动物或者某些哺乳动物的最简单的神经系统的研究。

习惯化和敏感化

某些海洋蛞蝓的神经系统是最常被研究的对象之一，它由分布在 10 个神经节上的 20 000 个神经元组成。这些神经元直径可达 1 毫米，对其染色有助于对它们的分辨、操作和观察。

当我们碰触蛞蝓位于腮下的排泄口时，它会紧缩，同时腮片也会缩到外壳里。如果不断重复这个生理刺激，排泄口的收缩程度会随着时间减弱（习惯化），腮片也越来越放松。在我们自己身上做类似的实验会出现什么现象呢？电话铃声先会让我们吓一跳，之后，我们对电话铃声的反应越来越弱。在另一个实验中，我们在触碰蛞蝓的排泄口时，如果同时用弱电点触它的尾部，它的运动反应会加强（敏感化）。

长期协同增效作用

在蛞蝓身上观察到的反应从几分钟持续到几小时，甚至在停了几天之后再进行刺激时，又能够持续几个星期。在显微镜下可以看到，神经递质的自由度在神经元接合的突触上被潜在作用增强了，同时发生生物电的变化，这从本质上影响到神经元的应激性。我们称这一效应为长期协同增效（或抑制）作用，“长期”的定义与神经元应激性的持续时间有关，而与记忆形式无关。

比方说在敏感化作用中，两个优先结合的神经元被同时刺激，后突触的神经元会增强其应激性（协同增效作用），或恰恰相反，造成应激性减弱（协同抑制作用）。

在哺乳动物的某些大脑区域也观察到了类似的现象，特别是在海马脑回和小脑中。而海马脑回直接作用于记忆，小脑则影响运动功能。

短期记忆：生物电的改变

生物电的改变是构建短期记忆的基础，这一现象能从一个更微观的层面上找到解释：分子说。

在习惯化的实验中，我们观察到神经递质释放的比率随着时间的推移而减少；而在敏感化实验中，这个比率会增加。记忆被解释为，通过突触的包含神经递质的突触小泡的数量的变化，这种变化直接与细胞间钠的变化有关。像长期协同增效作用这样的生物程序是极其复杂的，研究人员已发现了几十种

短期记忆的细胞机理

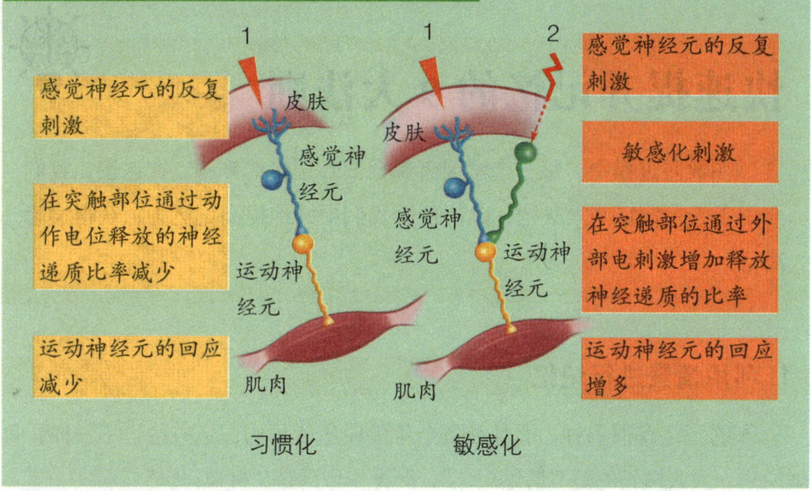

▲ 对无脊椎动物（如海洋蛞蝓）的研究证明，有两种类型的适应：习惯化，由感觉神经元的重复刺激引发；敏感化，由在对感觉神经元刺激时连接外部电刺激引发。

在这些程序中作为媒介或调节者的分子，如接收器 AMPA 和 NMDA，蛋白质 G，蛋白酶等。

长期记忆：神经元结构的改变

如果生物电的改变能够作用于短期记忆，那么如何能够“决定性”地储存记忆呢？又如何在神经元上加固记忆呢？对于长期记忆，仅仅是生物电临时的和可逆的改变是不够的，是基因发挥了作用。事实上，对一个神经元的重复刺激将引起处于细胞核内的某些特殊基因的活化，于是真正的“加工”便开始了。

第一步，基因活化将引发大量蛋白质的产生，这些蛋白质用于形成接收器和能够保证持久强化神经信息传递的元素。

第二步，在重复刺激的作用下，基因活化产生的新的蛋白质将参与神经元自身的增生。这些蛋白质首先在树突的顶端形成许多刺状物，刺状物在伸长的同时又产生新的树突，并与其他神经元建立新的连接。如此发展，就形成一个新的特殊网络，这些神经元结构的改变就是长期记忆的细胞基础。

快速提升记忆的 9 大法则

在学习过程中，每一个学习者都会面临记忆的难题，在这里，我们介绍了一个记忆 9 大法则，以便帮助我们更好地提高记忆力，获得学习高分。

1. 利用情景进行记忆

人的记忆有很多种，而且在各个年龄段所使用的记忆方法也不一样，具体说来，大人擅长的是“情景记忆”，而青少年则是“机械记忆”。

比如每次在考试复习前，采取临阵磨枪、死记硬背的同学很多。其中有一些同学，在小学或初中时学习成绩非常好，但一进了高中成绩就一落千丈。这并不是由于记忆力下降了，而是随着年龄的增长，擅长的记忆种类发生了变化，依赖死记硬背是行不通了。

2. 利用联想进行记忆

联想是大脑的基本思维方式，一旦你知道了这个奥秘，并知道如何使用它，那么，你的记忆能力就会得到很大的提高。

我们的大脑中有上千亿个神经细胞，这些神经细胞与其他神经细胞连接在一起，组成了一个非常复杂而精密的神经回路。包含在这个回路内的神经细胞的接触点达到 1000 万亿个。突触的结合又形成了各种各样的神经回路，记忆就被储存在神经回路中，这些突触经过长期的牢固结合，传递效率将会提高，使人具有很强的记忆力。

3. 运用视觉和听觉进行记忆

每个人都有适合自己的记忆方法。视觉记忆力是指对来自视觉通道的信息的输入、编码、存储和提取，即个体对视觉经验的识记、保持和再现的能力。

视觉记忆力对我们的思维、理解和记忆都有极大的帮助。如果一个人视

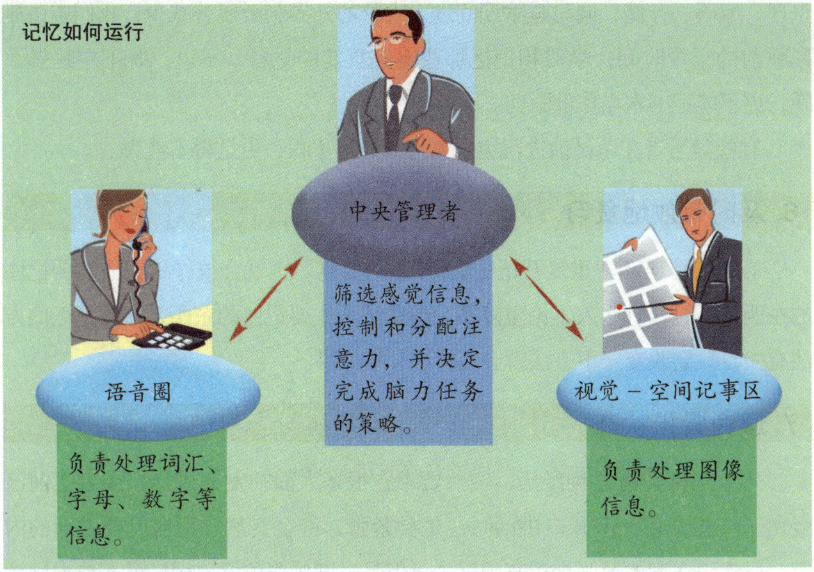
记忆如何运行
中央管理者
筛选感觉信息，控制和分配注意力，并决定完成脑力任务的策略。
语音圈
负责处理词汇、字母、数字等信息。
视觉－空间记事区
负责处理图像信息。

▲为了表述短期记忆的运行机制，1974 年心理学家阿兰·柏德雷提出了上面这个至今仍在不断优化的模型。

觉记忆力不佳，就会极大地影响他的学习效果。

相对视觉而言，听觉更加有效。由耳朵将听到的声音传到大脑知觉神经，再传到记忆中枢，这在记忆学领域中叫“延时反馈效应”。比如，只看过歌词就想记下来是非常困难的，但要是配合节奏唱的话，就很快能够记下来，比起视觉的记忆，听觉的记忆更容易留在心中。

4. 使用讲解记忆

为了使我们记住的东西更深，我们可以把自己记住的东西讲给身边的人听，这是一种比视觉和听觉更有效的记忆方法。

但同时要注意，如果自己没有清楚的理解，就不能很好地向别人解释，也就很难能深刻地记下来。所以首先理解你要记忆的内容很关键。

5. 保证充足的睡眠

我们的大脑很有意思，它也必须需要充足的睡眠才能保持更好的记忆力。有关实验证明，比起彻夜用功、废寝忘食，睡眠更能保持记忆。睡眠能保持记忆，防止遗忘，主要原因是因为在睡眠中，大脑会对刚接收的信息进行归纳、整理、编码、存储，同时睡眠期间进入大脑的外界刺激显著减少，我们应该抓紧睡前的宝贵时间，学习和记忆那些比较重要的材料。不过，既不应睡得太晚，更不能把书本当作催眠曲。

有些学习者在考试前进行突击复习，通宵不眠，更是得不偿失。

6. 及时有效地复习

有一句谚语叫“重复乃记忆之母”，只要复习，就会很好地记住需要记住的东西。不过，有些人不论重复多少遍都记不住要记住的东西，这跟记忆的方法有关，只要改变一下方法就会获得另一种效果。

7. 避免紧张状态

不少人都会有这种经历，突然要求在很多人面前发表讲话，或者之前已经做了一些准备，但开口讲话时还是会紧张，甚至突然忘记自己要讲解的内容。虽然说适度的紧张会提高记忆力，但是过度紧张的话，记忆就不能很好地发挥作用。

所以，我们在平时应该多训练自己当众演讲，以减少紧张的次数。

8. 利用求知欲记忆

有人认为，随着年龄的增长，我们的记忆力会逐渐减退，其实，这是一种错误的认识。记忆力之所以会减退，与本人对事物的热情减弱，失去了对未知事物的求知欲有很大的关系。

对一个善于学习的人来说，记忆时最重要的是要有理解事物背后的道理和规律的兴趣。一个有求知欲的人即便上了年纪，他的记忆力也不会衰退，反而会更加旺盛。

9. 持续不断地进行记忆努力

要想提高自己的记忆力，需要不断地锻炼和练习，进行有意识地记忆。比如可以对身边的事物进行有意识的提问，多问几个“为什么”，从而加深印象，提升记忆能力。

在熟悉了记忆的 9 大法则后，我们就可以根据自己的情况做出提高记忆力的思维导图了。

第二章

高效记忆图像

图像记忆法是指以联想作为手段，将自身需要记忆的信息，转化成比较夸张、容易引起自己的注意，并且不讲究是否合理的图像，从而加深记忆，提高记忆效率的一种方法。

并不是所有的信息都需要转化之后才能使用图像记忆法，有很多信息，本身就是以图像的形式输入到人们大脑中的，人们之所以能记住这样的信息，就是图像记忆法在起作用。

在整个记忆领域中，图像记忆法有着很高的地位。人们所进行的各种记忆活动中，很多信息都是依靠图像记忆法，才能最终被人记住。人们发挥自己的想象力进行联想，是图像记忆法一个重要的环节。但是，在使用图像记忆法进行联想时，其自身也有一定的特殊性。

第一，非必要合理性。非必要合理性是指人们在运用图像记忆法时进行的联想，可以不受任何限制，也不需要符合一定的逻辑关系或者实际情况。这样会使人的思维变得更活跃，联想出来的东西也更丰富，对记忆的促进效果更大。

第二，容易相关性。容易相关性是指人们针对记忆主体所进行的联想方式，越适合自己，就越容易记忆。在选择联想方式的时候，必须选择最适合自己的方式，这样才能做到最大限度地提高记忆力。

第三，夸张性。夸张性是指人们在使用图像记忆法时所进行的联想，可以进行一定程度的夸张。当然，如果是真的有助于人们记忆，也可以夸张到非常严重的程度。过分夸张可以刺激海马体分泌一种波线，这种波线有利于海马细胞树突上的树突棘的改变。因此，夸张的联想同样有助于人们的记忆。

001 动物园

请认真观察下面的图片。

你可以在下页找到对应的问题。

002 文具

下面展示了 7 个文具，仔细地观察并记住这些图及其对应的数字。

3

5

2

4

1

7

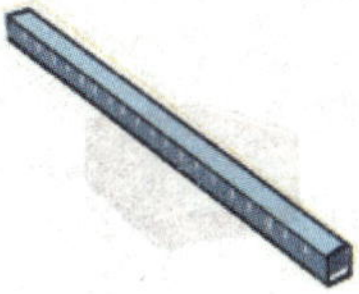

6

001 请回答下面的问题。

1. 动物园中有几只老虎？

2. 一共有多少个大人？

3. 一共有多少个孩子？

4. 是否有孩子是母亲抱着的？

5. 除了老虎，你还看见了什么动物？

6. 有树倒了吗？如果有，有几棵树倒了？

7. 有几个孩子在奔跑？

002 上页的图片顺序被打乱了，你能把对应的数字填上去吗？

003 缺失的图像 I

仔细地观察并记住这些图。

004 缺失的图像 II

仔细地观察并记住这些图。

005 海底世界

仔细观察下面的图片，并记住细节。

003 现在，请在 4 个选项中找出一个可以填充的元素，以得到一个系列。

004 现在，请在 4 个选项中找出一个可以填充的元素，以得到一个系列。

005 回想上页的图片，下面的图与上页的图有 5 处不同，请圈出来。

006 水果

下面展示了 7 个水果，仔细地观察并记住这些图及其对应的数字。

007 森林拾遗

仔细观察下面的图片，并记住每种物品的数量。

006 上页的图片顺序被打乱了，你能把对应的数字填上去吗？

007 请回答下面的问题。

1. 图中共有多少个物品？

2. 一共有多少个种子？

3. 一共有多少种颜色的花？

4. 叶子比花多几个？

5. 种子多还是叶子多？

6. 哪种物品只有一个？

008 颜色和形状 Ⅰ

仔细观察下面的图片，并记住每个形状的颜色。

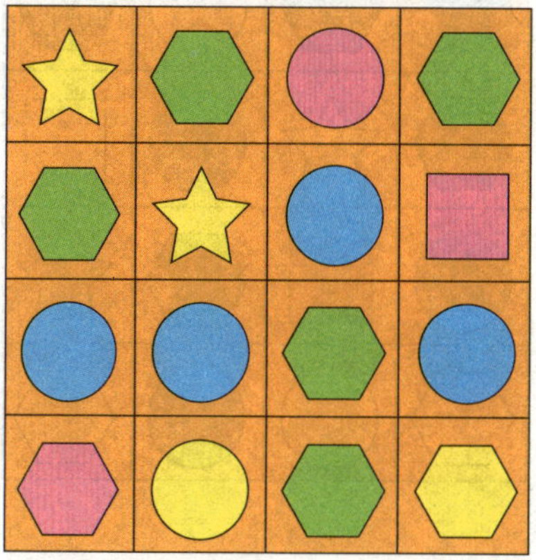

009 跟随岩浆

仔细观察下图所示的路线，并记住它。

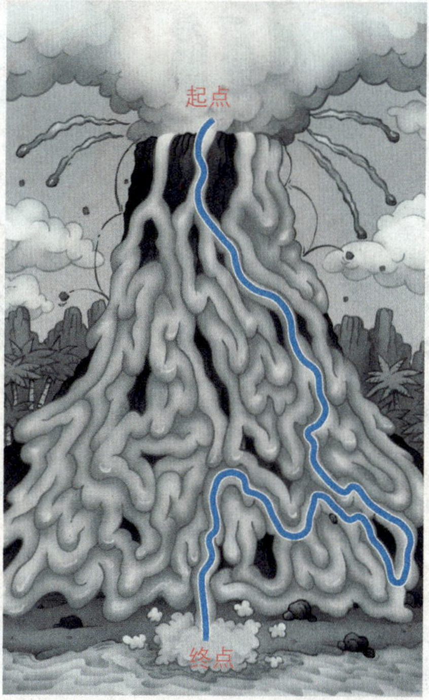

008 有些图形的颜色和形状已经改变了，你能确定是哪几个吗？请圈出来。

009 你能从起点到达终点而不被烧着吗？

010 缺失的图像Ⅲ

仔细地观察并记住这些图。

011 临阵脱逃

鸡的脱逃路线如下图所示，仔细观察下图所示的路线，并记住它。

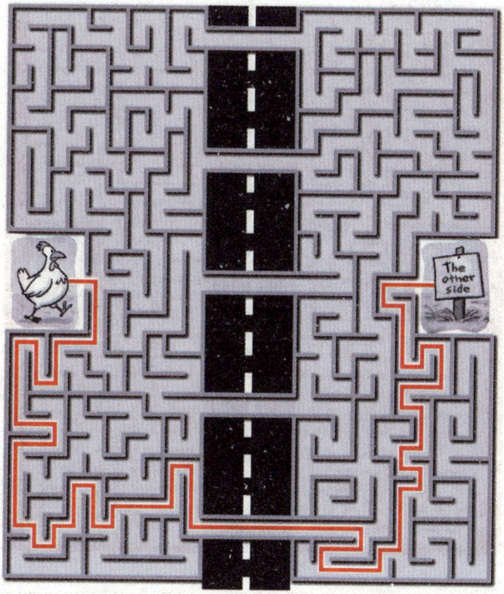

012 蔬菜

仔细地观察并记住这些蔬菜图片。

010 现在，请在 4 个选项中找出一个可以填充的元素，以得到一个系列。

A B

C D

011 从鸡所在处开始，你能否找到去往 The Other Side 的路，并且不迷失方向？

012 请圈出你上页见到的图片。

013 猫科动物

仔细观察以下这些动物，记住它们的名字。

薮猫

豹猫

猎豹

美洲豹

非洲豹

014 缺失的图像Ⅳ

仔细地观察并记住这些图。

013 在以下选项中找出对应的图。

1. 美洲豹
2. 薮猫
3. 非洲豹
4. 豹猫
5. 猎豹

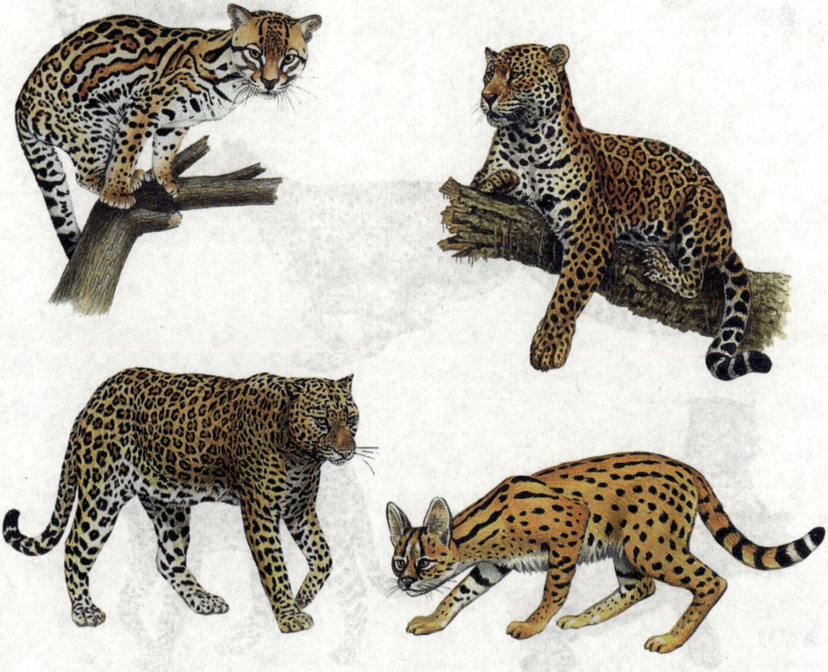

014 现在，请在 4 个选项中找出一个可以填充的元素，以得到一个系列。

015 小圆圈

仔细观察下面的图形，并记住它们。

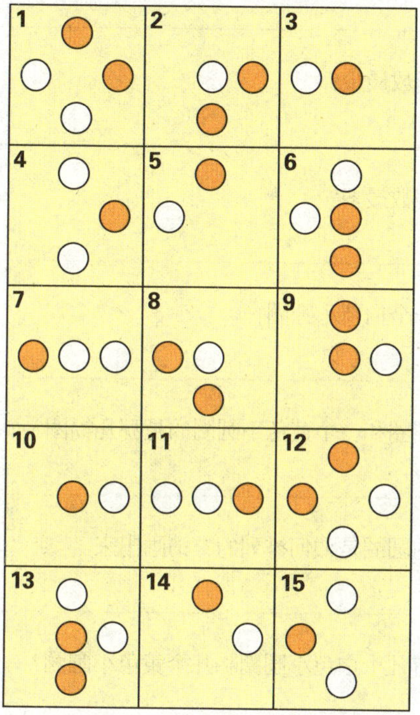

016 彩色的六边形

仔细观察下面的六边形，尽可能记住其颜色划分。

015 上页的图你还有印象吗？请回答下面的问题。

1. 上页一共有多少幅小图？

2. 哪几幅图的圆圈数最少？

3. 哪几幅图的圆圈数最多？

4. 哪几幅图只有一个白色小圆圈？

5. 有两个白色小圆圈和一个黄色小圆圈的是哪几幅图？

6. 编号为 8 的图的圆圈是如何排列的？请画出来。

7. 左下角的图中有几个白色小圆圈和几个黄色小圆圈？

8. 右上角的图中的圆圈数目是多少？

016 上页的图片你还记得吗？请回忆上页图片颜色的划分，然后给下面的图片涂上颜色。

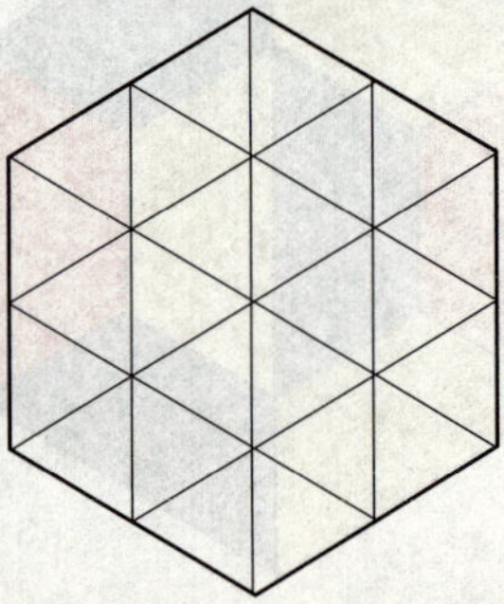

017 图案速配

请努力记住下面的图案。

018 圆点 I

仔细观察下面的图，并注意圆点的排列方式。

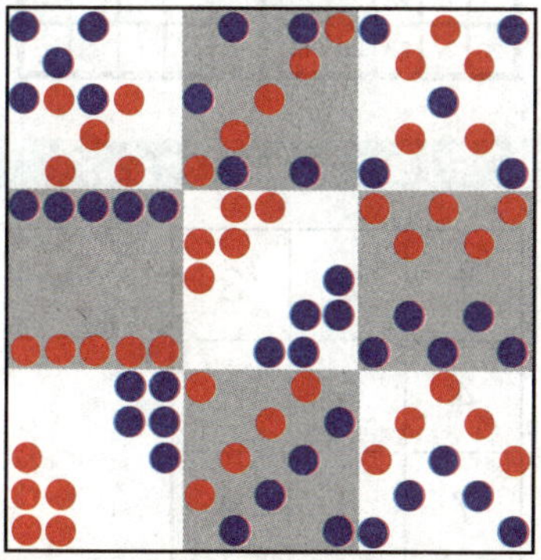

017 用最快的速度从下图中分别找出与上页的 30 幅图完全相同的图案。

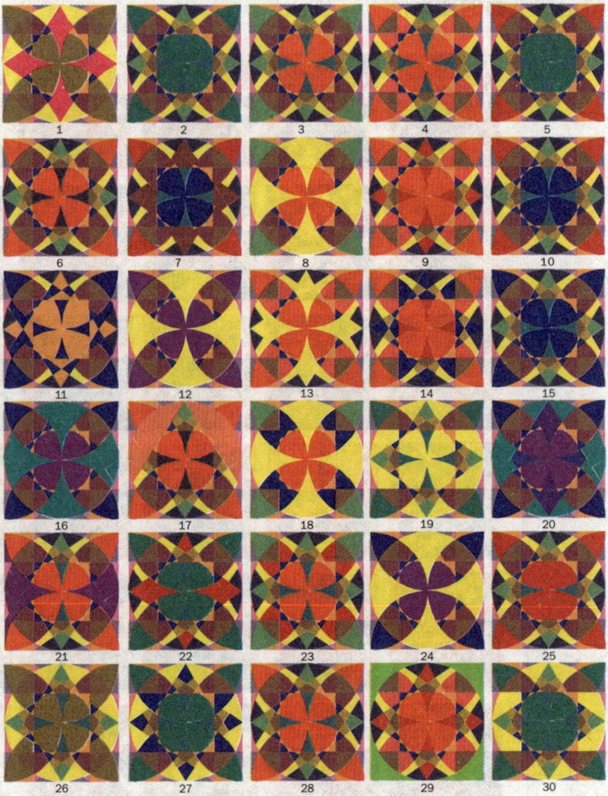

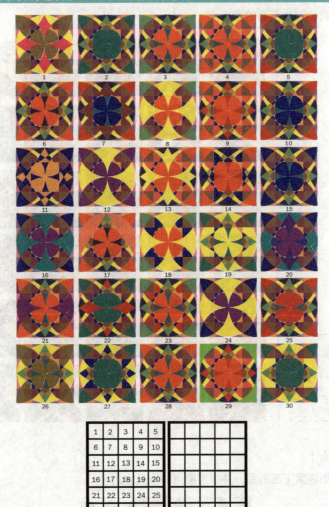

1	2	3	4	5
6	7	8	9	10
11	12	13	14	15
16	17	18	19	20
21	22	23	24	25
26	27	28	29	30

018 下面的小图来自原图的哪一个部分？

1	2	3
4	5	6
7	8	9

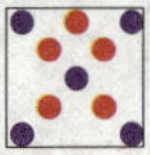

019 蜜蜂路线

蜜蜂的行进路线如下图所示，仔细观察下图所示的路线，并记住它。

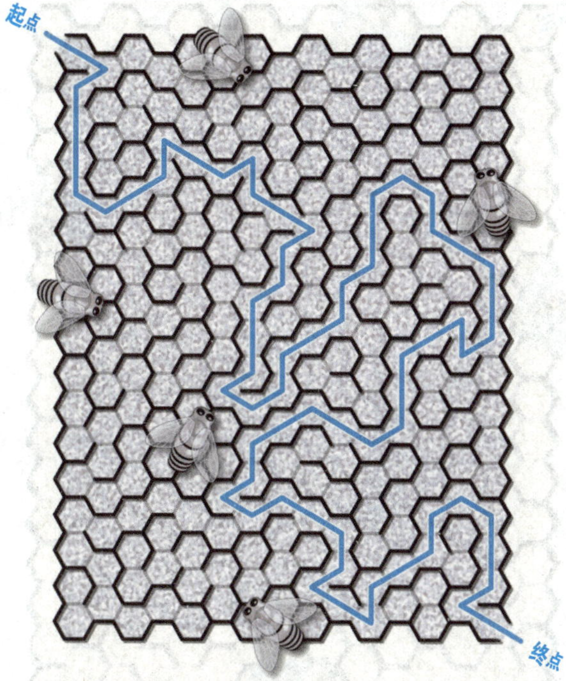

020 圆点Ⅱ

仔细观察下面的图，并注意圆点的排列方式。

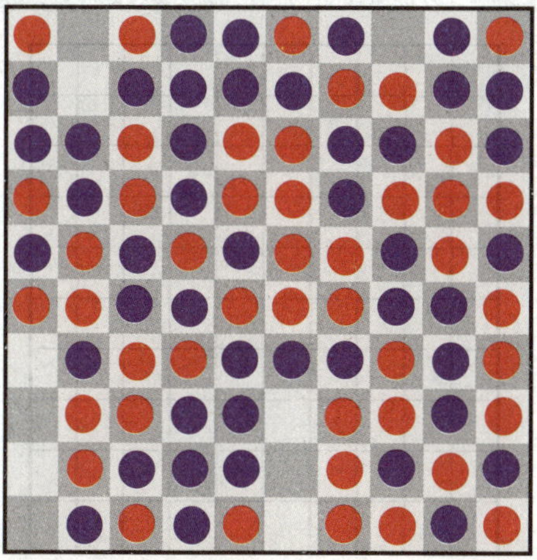

019 看看你能否沿着蜂房从起点到达终点。

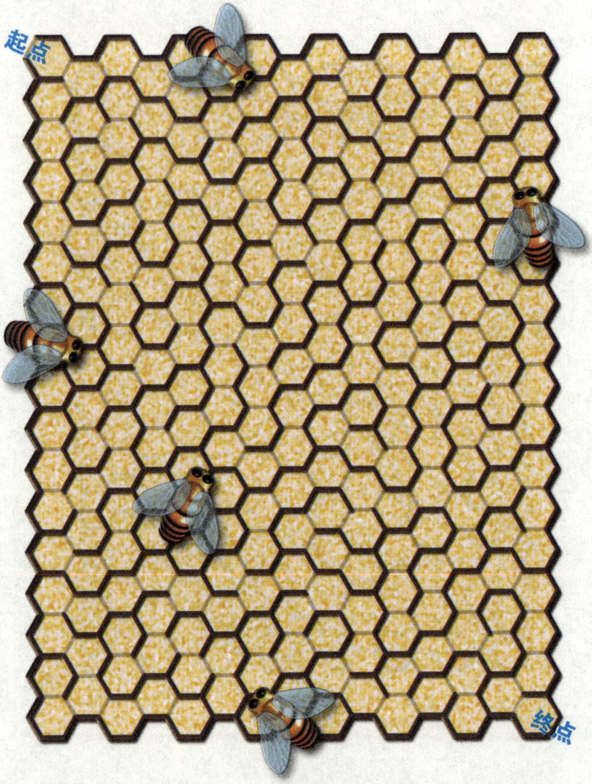

020 请问图中的哪些部分没有圆点？请标出来。

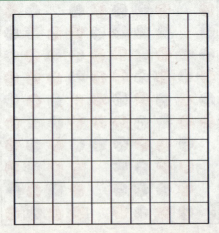

021 玩具

请仔细观察下面的这些玩具并记住它们。

022 正确的图案 I

仔细观察下面的这个图案。

023 拼整圆

仔细观察下面的图片，并记住每幅图。

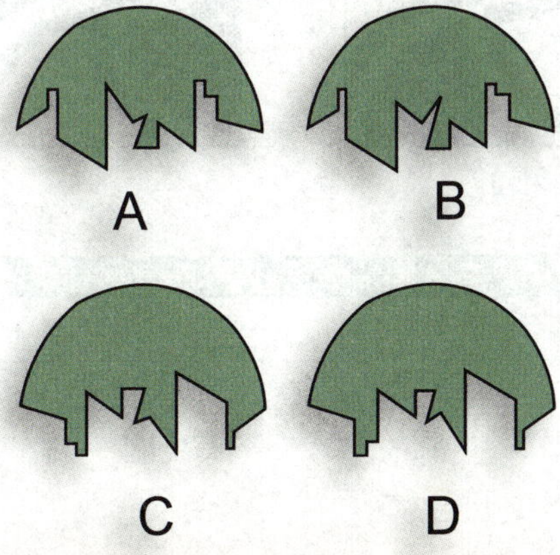

021 以下的玩具哪些是上页见过的，请标出来。

022 以下 4 个图案，哪个是你刚记住的？

023 上页的 4 幅图中只有 2 幅能够恰好拼成一个整圆，是哪两幅呢？

……………………………………………………

（答案见附录）

024 三角形

仔细观察下面的 6 个三角形，并记住其层级。

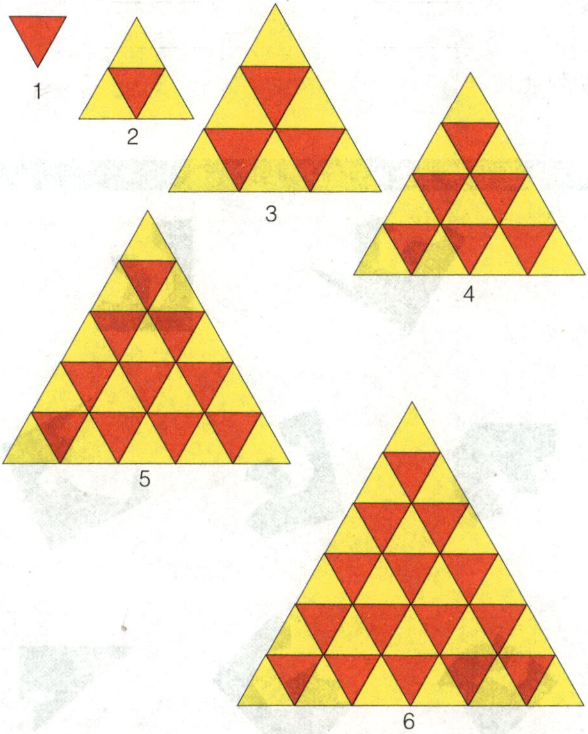

025 各式各样的图形

仔细观察下面的图形，并记住它们。

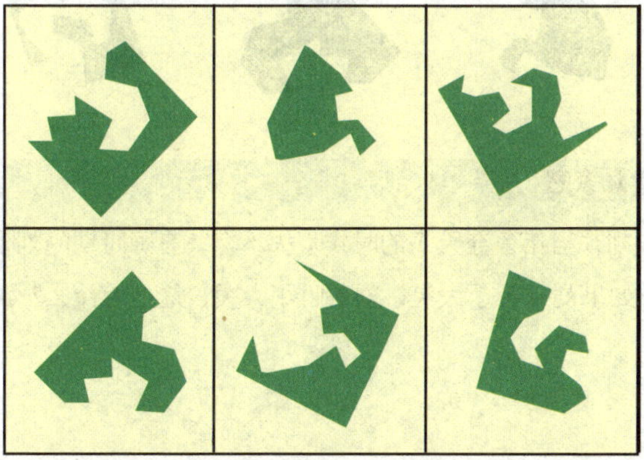

024 上页的 6 幅图中分别有多少个三角形?

1. ________　　2. ________

3. ________　　4. ________

5. ________　　6. ________

（答案见附录）

025 下面的哪些图是你上页见过的?

几家欢喜几家愁

项羽和刘邦当年争夺天下的时候水火不容，三国时期的刘备和关羽是结义兄弟，如果刘邦听了大笑，刘备听了大哭，这是为什么？请用一个字来回答。

答案：羽。

026 树木

仔细观察下面的这些针叶树，并记住它们的名字。

027 玩具屋

请仔细观察下面的图片，并记住细节。

026 请给每一种树标上相应的名字。

027 回想上页的图片，下面的图与上页的图有 8 处不同，请圈出来。

028 工具

请仔细观察下面的这些工具并记住它们。

029 蛇

仔细观察以下这些蛇，记住它们的名字。

眼镜蛇

水蛇

红珊瑚蛇

青蟒蛇

响尾蛇

028 以下的工具哪些是上页见过的，请标出来。

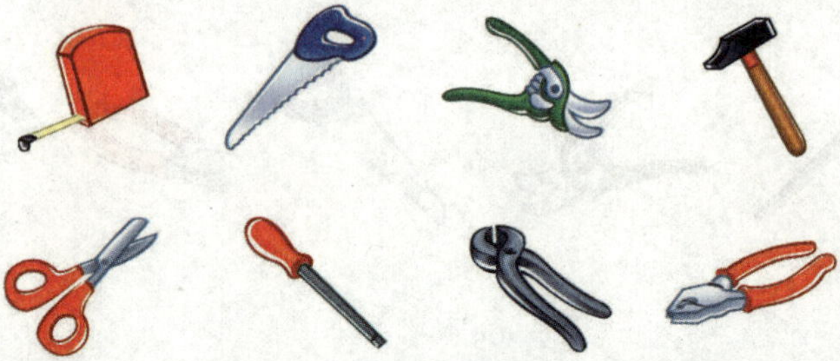

029 在以下选项中找出对应的图。

1. 眼镜蛇
2. 红珊瑚蛇
3. 水蛇
4. 青蟒蛇
5. 响尾蛇

030 反射图

仔细观察下面的这个图片，并记住细节。

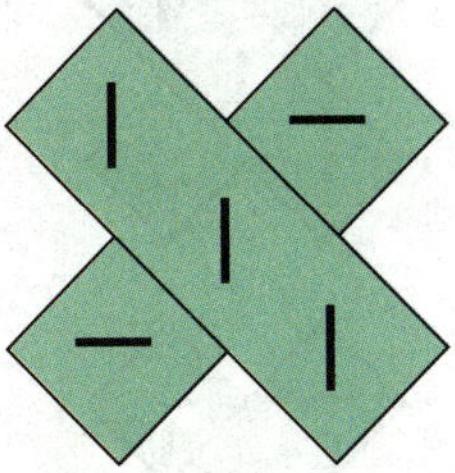

031 迷宫 I

仔细观察进出迷宫的路线，并记住它。

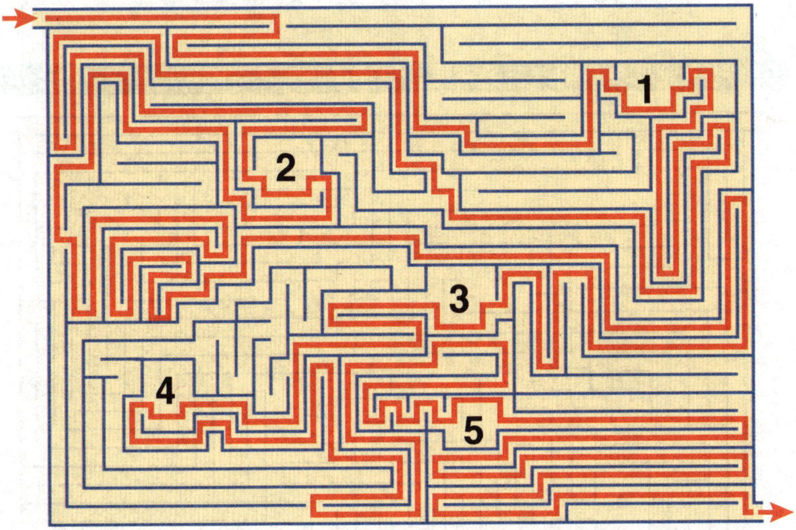

032 雨雪云

请准确记住下面的图片。

030 如果把上页的图放到一个镜子前面，会反射出下列图中的哪一个图形？

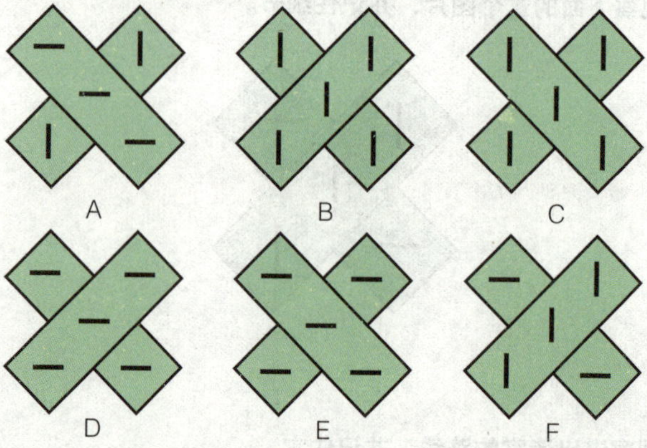

（答案见附录）

031 进入迂回曲折的迷宫的路线你记住了吗？尽可能快地画出来吧。

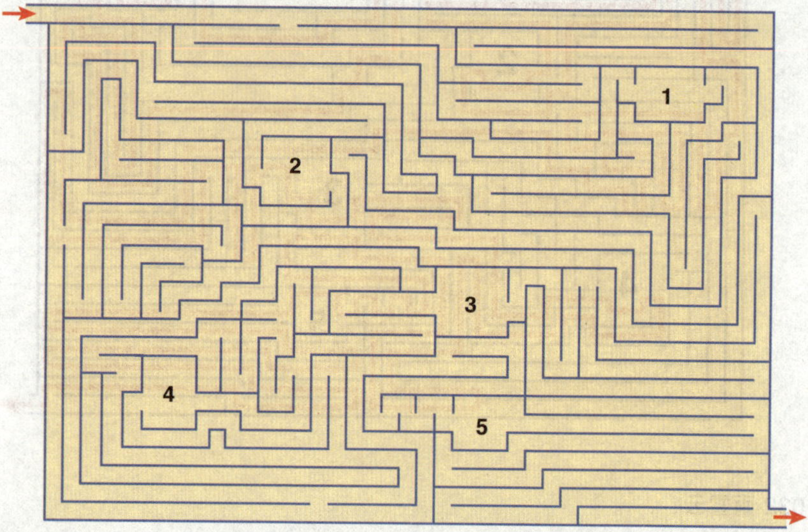

032 请圈出上页所见过的图片。

033 动物散步

仔细观察下面的图片，并记住其排列顺序。

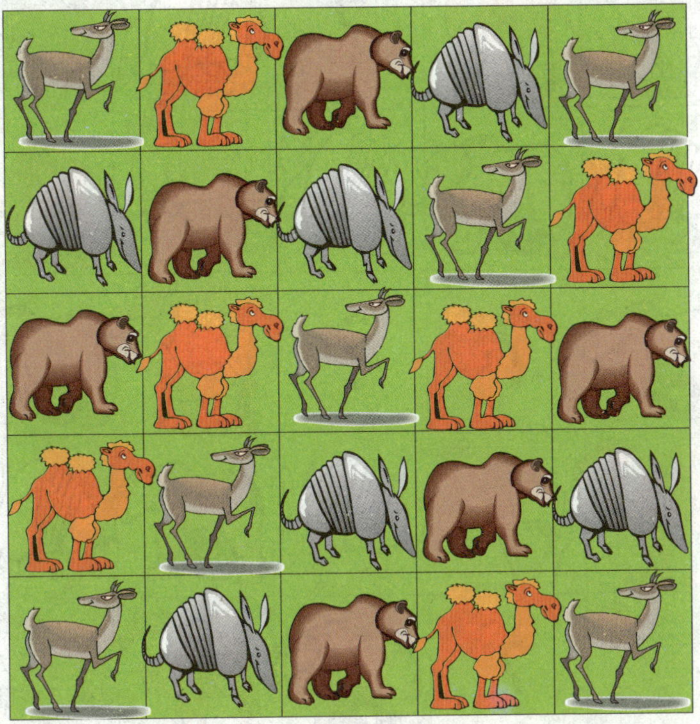

034 颜色和形状 Ⅱ

仔细观察下面的图片，并记住每个形状的大小和颜色。

033 下图中的问号处应该分别填上什么动物？

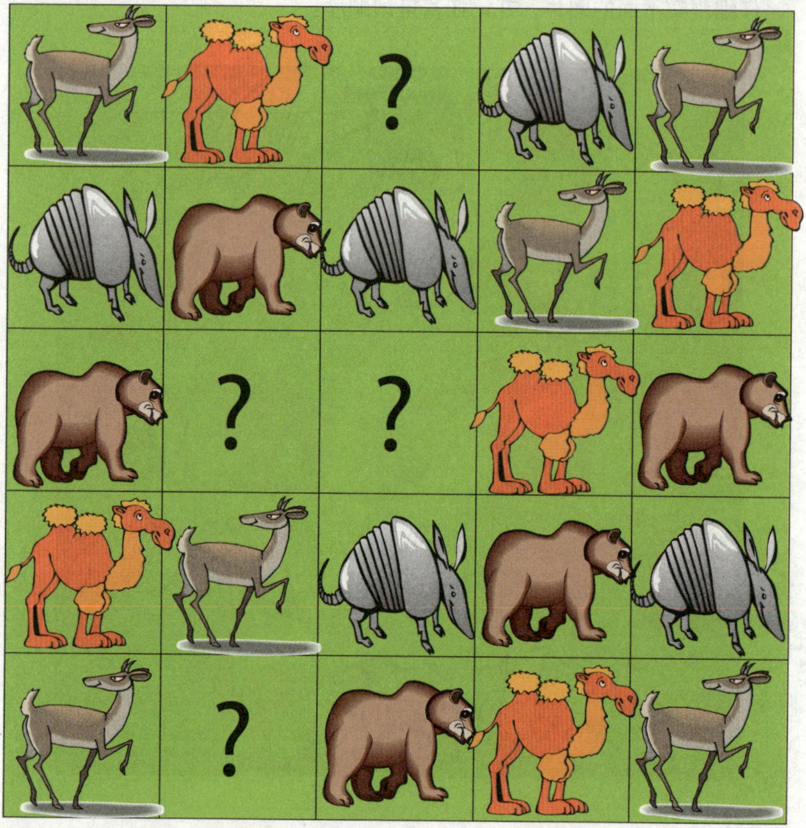

034 有些图形的颜色和大小已经改变了，你能确定是哪几个吗？请圈出来。

035 乡间小屋

请仔细地观察下面的图片，并记住细节。

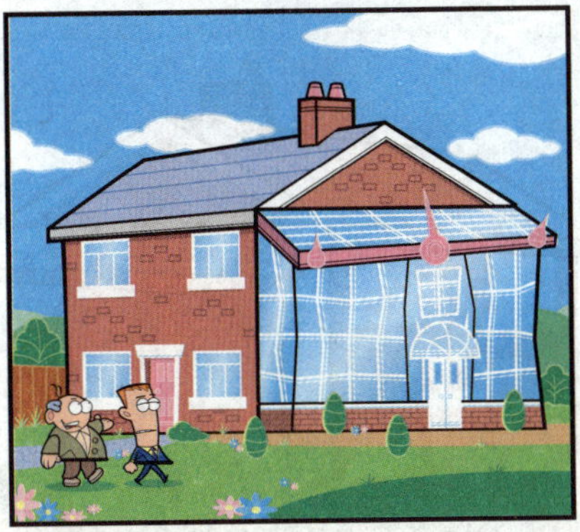

036 糖豆

请仔细地观察下面的这幅图片。

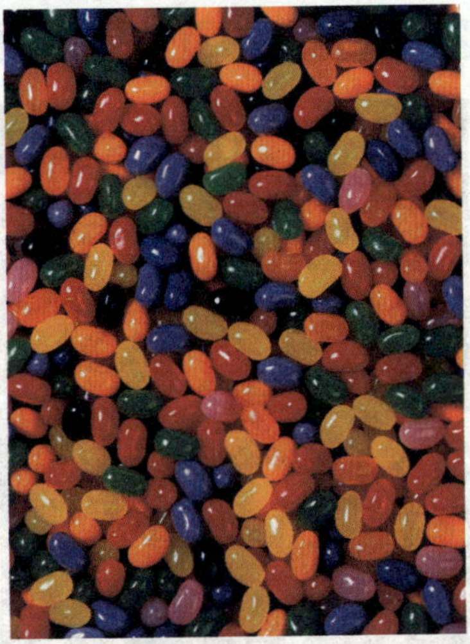

037 对称轴

仔细观察下面的 5 个图案，并尽量记住。

1 2 3 4 5

035 回想上页的图片，下面的图与上页的图有 8 处不同，请圈出来。

036 下面的图与上页图有 5 处不同，请标出来。

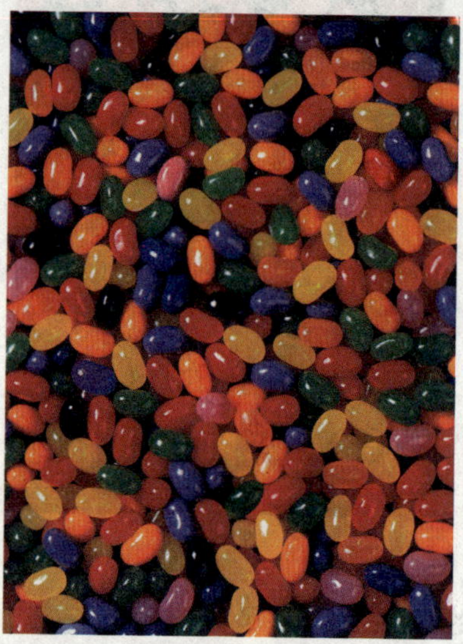

037 上页的 5 个图案中哪几个图案的对称轴不是 8 条？

（答案见附录）

038 正确的图案Ⅱ

仔细观察下面的这个图案。

039 正确的图案Ⅲ

仔细观察下面的这个图案。

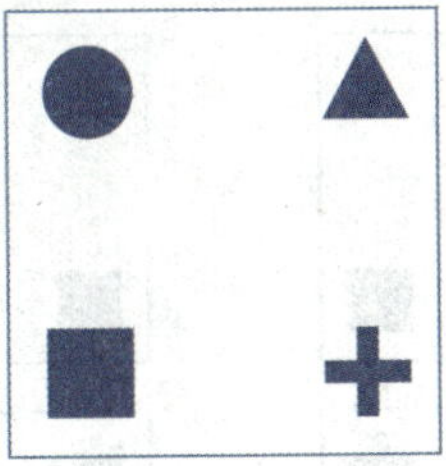

040 镜子中的记忆Ⅰ

仔细观察下图中蓝色的图案，记住它的形状和所占的格子。

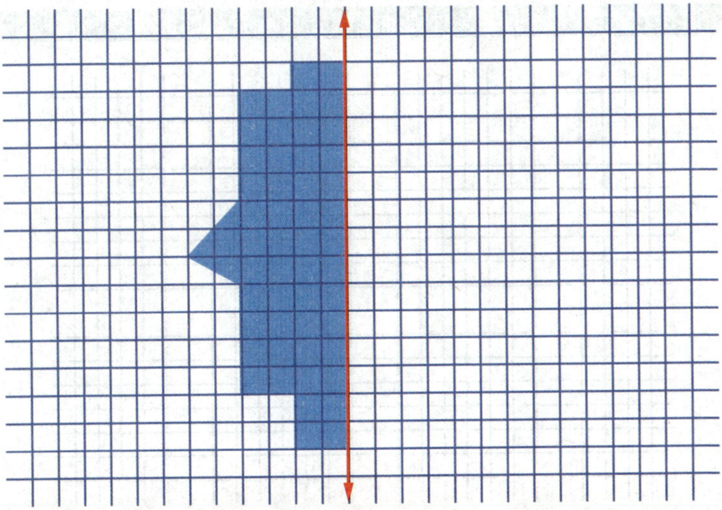

038 以下 4 个图案，哪个是你刚记住的？

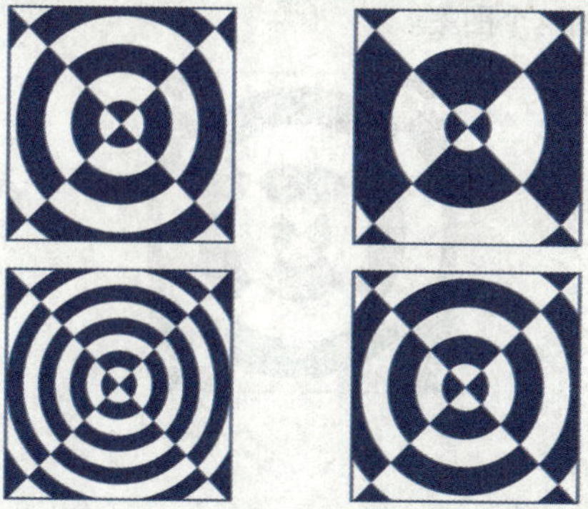

039 以下 4 个图案，哪个是你刚记住的？

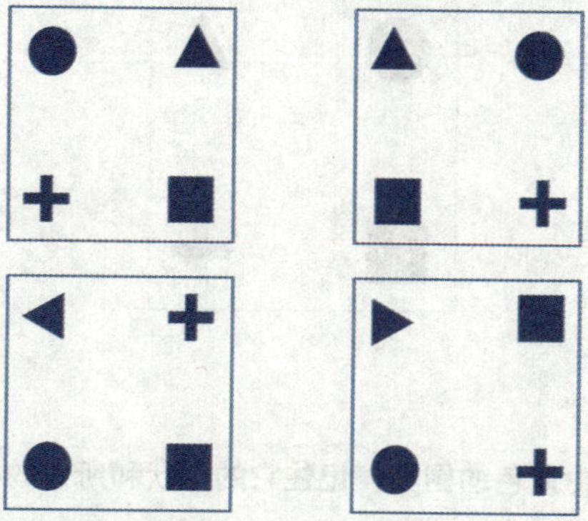

040 请在右边的“镜子中”对称地画出上页所看到的图像。

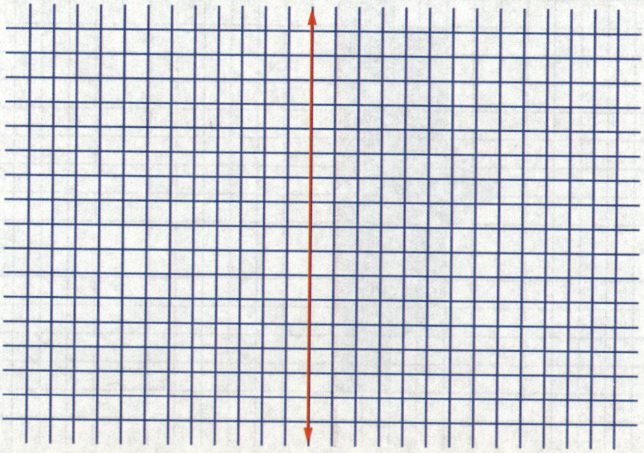

041 鱼

请准确记住下面的图片。

042 迷宫 II

仔细观察进出迷宫的路线，并记住它。

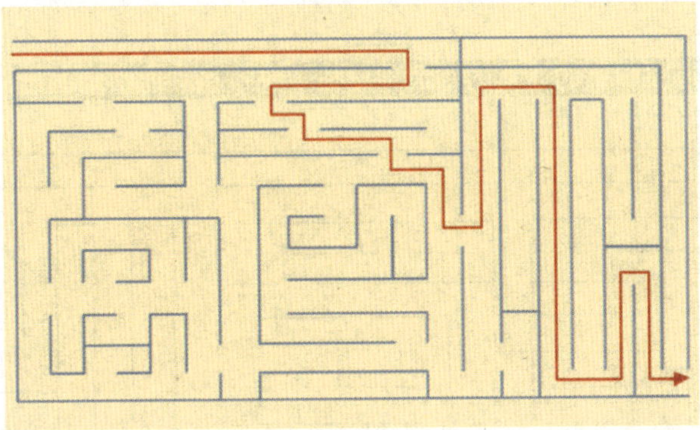

043 彩色方形图

仔细观察下面的图形，并尽量记住。

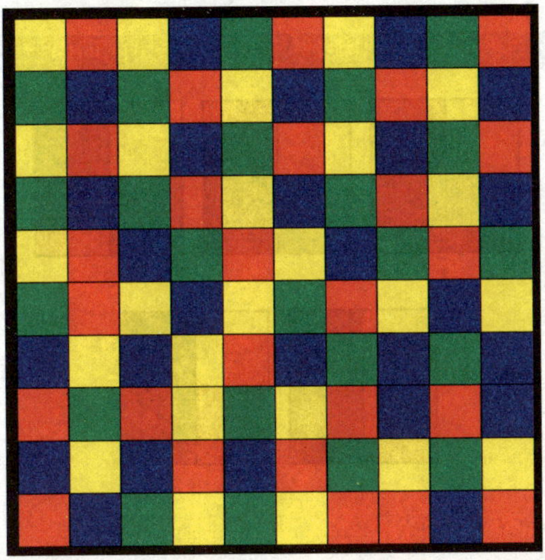

041 请圈出上页所见过的图片。

042 进入迂回曲折的迷宫的路线你记住了吗？尽可能快地画出来吧。

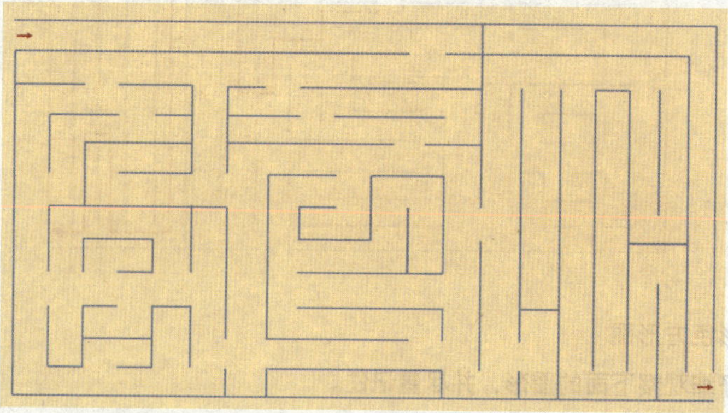

043 编号 1　5 的方形卡片中哪张不可能在上页的图中找到？

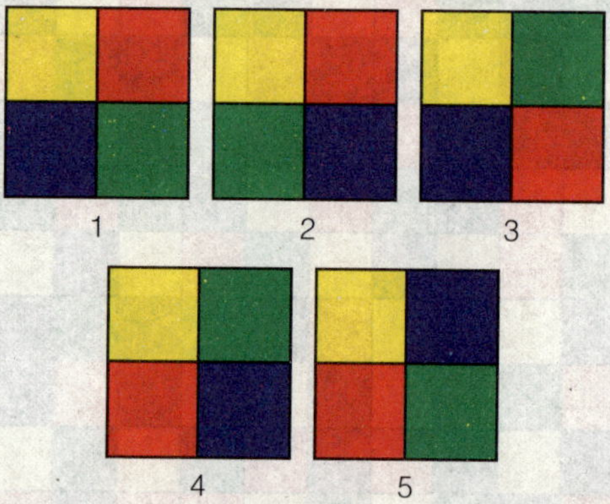

（答案见附录）

044 盆栽

请仔细地观察下面的这 4 个盆栽。

045 镜像图 Ⅰ

仔细观察下面的图片，应特别注意细节。

046 镜像图 Ⅱ

仔细观察下面的图片，应特别注意细节。

044 请将盆栽对应的数字写出来。

045 下面 5 个选项中哪一个是所给图的镜像图?

A　B　C　D　E

（答案见附录）

046 下面 5 个选项中哪一个是所给图的镜像图?

A　B　C　D　E

（答案见附录）

047 轮廓契合 I

仔细观察下面的图片，应特别注意细节。

048 轮廓契合 II

仔细观察下面的图片，应特别注意细节。

049 带数值的蘑菇

下面展示了 9 种蘑菇，仔细地观察并记住这些图及其对应的数字。

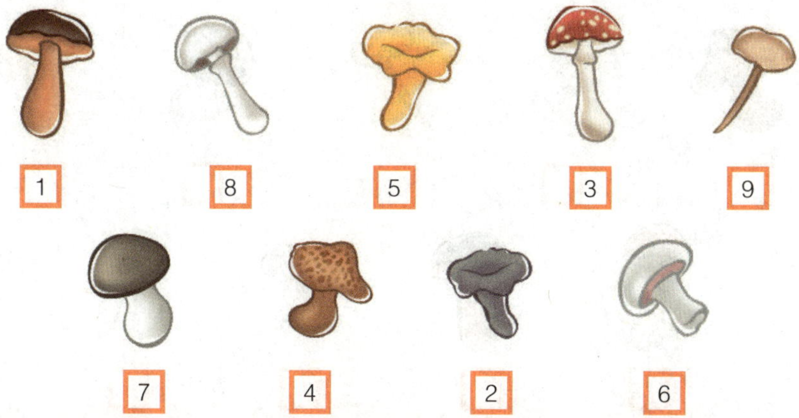

047 下面 6 个选项中哪一个与所给剪影的轮廓完全契合?

（答案见附录）

048 下面 6 个选项中哪一个与所给剪影的轮廓完全契合?

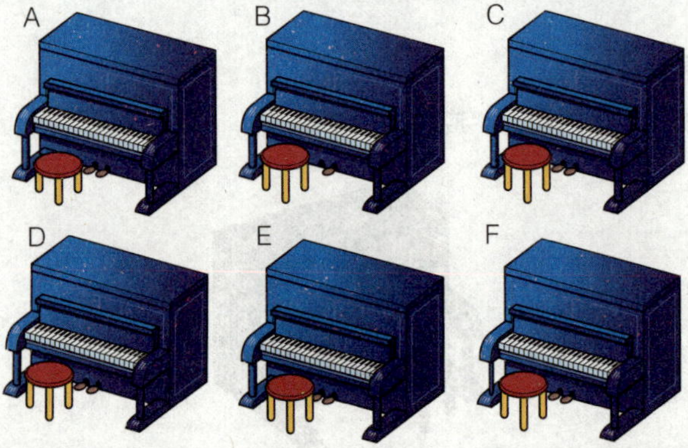

（答案见附录）

049 上页的图片顺序被打乱了，你能把对应的数字填上去吗?

050 轮廓契合Ⅲ

仔细观察下面的图片，应特别注意细节。

051 设备

请准确记住下面的图片。

052 正确的图案Ⅳ

仔细地观察下面的这个图案。

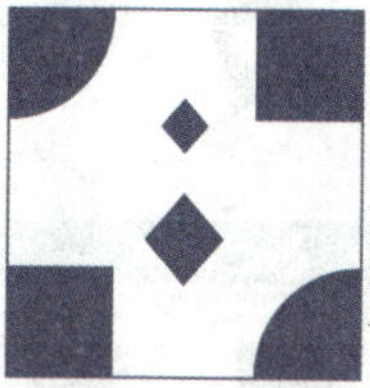

053 扑克牌

请仔细地观察下面的这些扑克牌，有的可能被压住了一个角，但是你还是能判断出是哪张牌。

050 下面 6 个选项中哪一个与所给剪影的轮廓完全契合?

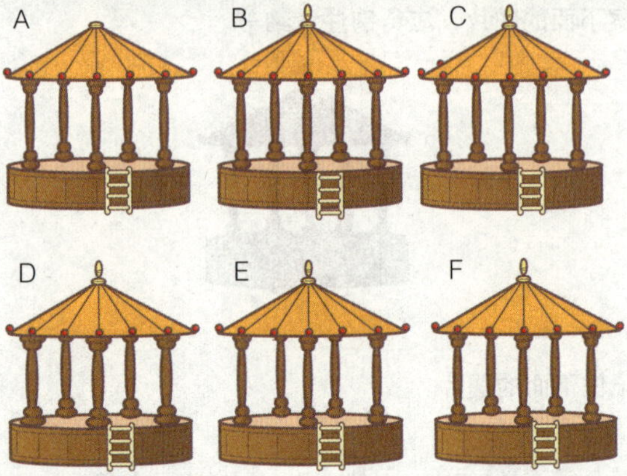

（答案见附录）

051 请圈出上页所见过的图片。

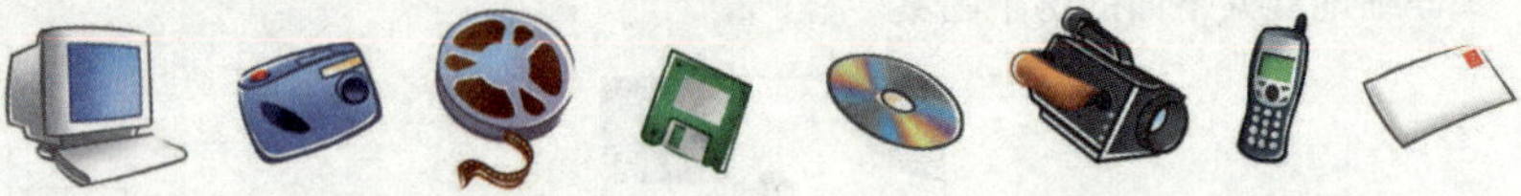

052 以下 4 个图案，哪个是你刚记住的?

053 你的记忆力如何? 在上页你都看见了哪些扑克牌?

054 健身房

仔细地观察下面给出的场景，记住不同物体的外形、位置和颜色。

055 客厅

仔细地观察下面给出的场景，记住不同物体的外形、位置和颜色。

054 上页的图你还记得吗？请回答下面的问题。

1. 健身房里一共有几个人？

2. 地上能看见重量标识的哑铃是多少 KG 的？

3. 墙上挂了几幅画？

4. 正在进行哑铃训练的人穿着什么颜色的衣服？

5. 每个跑步机上都有人锻炼吗？

6. 地上铺了几个运动用的垫子？

055 请找出这个场景与上面给出的场景之间的 6 处不同。物体可能被置换、移动、拿走……

056 乐器店

乐器店陈列着这些乐器，请准确记住下面的图片。

057 雪人

请仔细地观察下面的这幅图，并记住细节。

058 镜子中的记忆 II

仔细观察下图中蓝色的图案，记住它的形状和所占的格子。

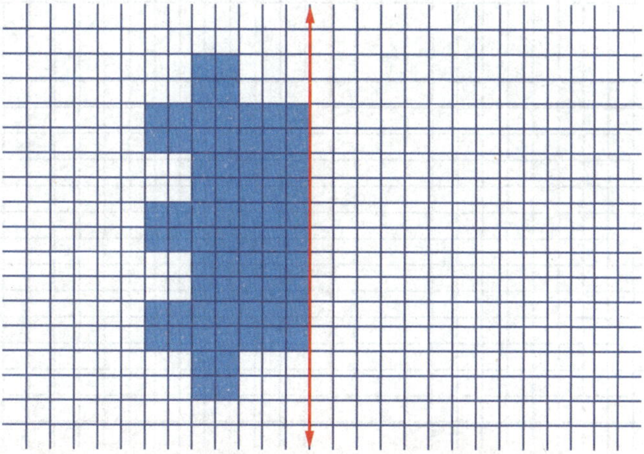

056 请圈出上页所见过的图片。

057 回想上页的图片，下面的图与上页的图有 8 处不同，请圈出来。。

058 请在右边的“镜子中”对称地画出上页所看到的图像。

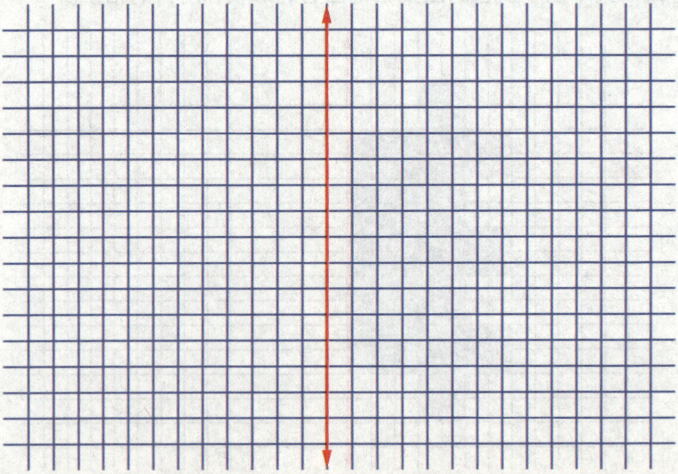

059 四个男孩

请在 2 分钟内记住 4 个男孩的姓名及其偏爱的玩具的名称。

迪亚斯托	杰弗里	詹姆斯	宾西亚
积木	玩具手枪	气球	轨道火车

060 理发店

仔细地观察下面给出的场景，记住不同物体的外形、位置和颜色。

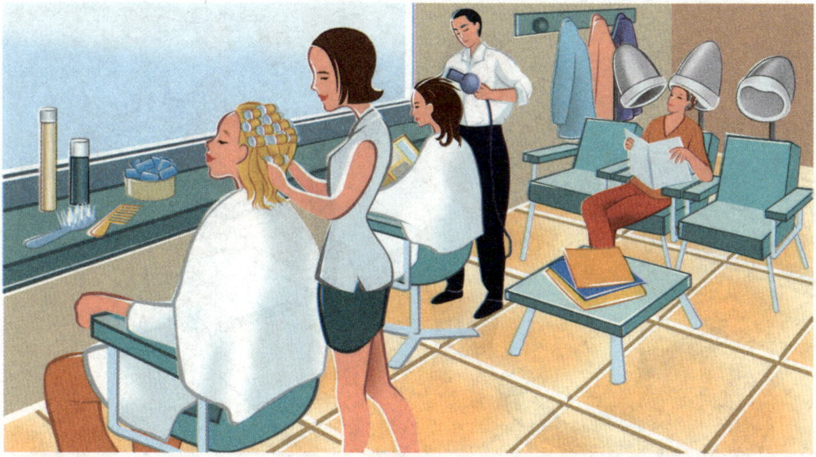

059 请在空缺处填上正确的答案。

宾西亚	______	杰弗里	______
______	气球	______	积木

060 请找出这个场景与上面给出的场景之间的 6 处不同。物体可能被置换、移动、拿走……

061 正确的图案Ⅴ

仔细地观察下面的这个图案。

062 镜子中的记忆Ⅲ

仔细观察下图中蓝色的图案，记住它的形状和所占的格子。

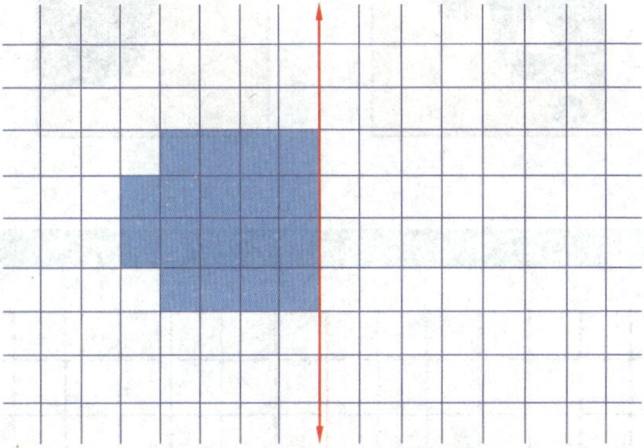

063 与众不同

仔细观察下面的5幅图，并记住它们。

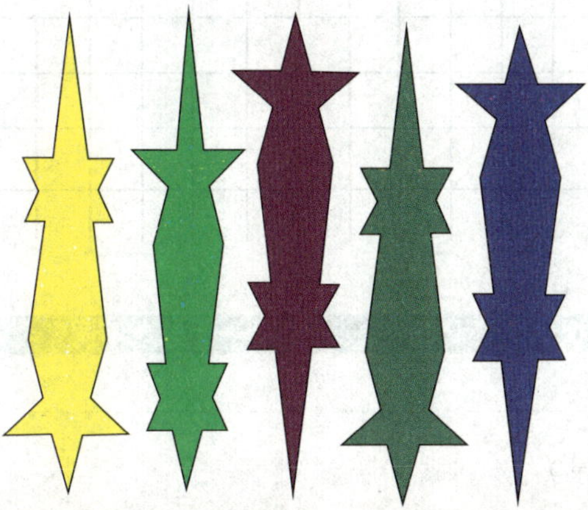

061 以下 4 个图案，哪个是你刚记住的？

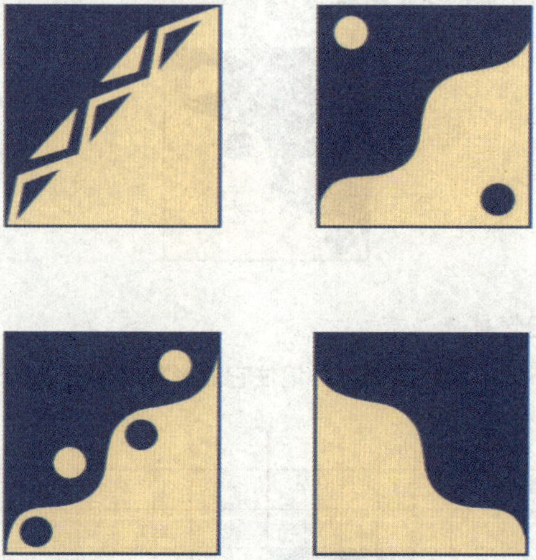

062 请在右边的“镜子中”对称地画出上页所看到的图像。

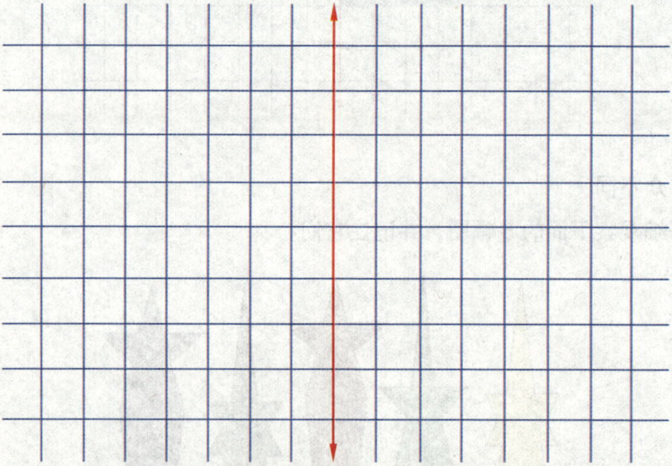

063 上页的 5 个图你还记得吗？其中哪一个与众不同？

....

（答案见附录）

064 街景

仔细地观察下面给出的场景，记住不同物体的外形、位置和颜色。

065 餐厅

仔细观察下面的场景，尤其注意细节。

064 请找出这个场景与上页给出的场景之间的 8 处不同。物体可能被置换、移动、拿走……

065 上页的场景你还记得吗？请回答下面的问题。

1. 餐厅里共有几个人在就餐？

2. 有一个桌上放的桌牌，是几号？

3. 有几个服务员出现在画面中？

4. 共有几位女性在就餐？

5. 穿白色衣服的是谁？

6. 正在看菜单的男士穿着什么颜色的衣服？

066 镜子中的记忆Ⅳ

仔细观察下图中蓝色的图案，记住它的形状和所占的格子。

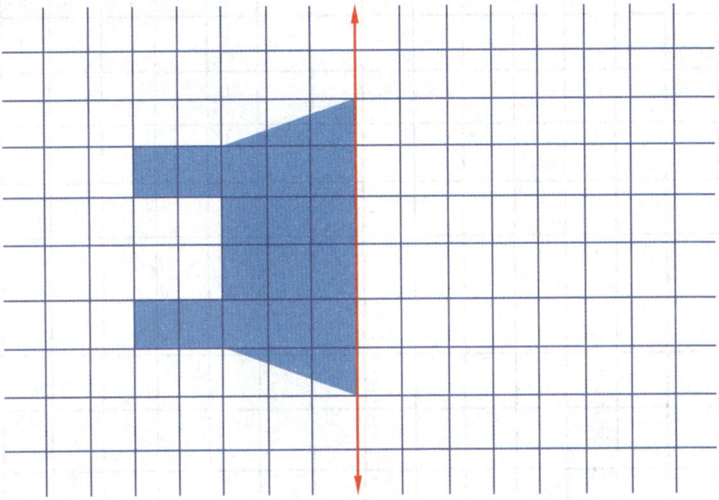

067 妈妈及孩子们

请仔细观察下面的图片，并记住妈妈及孩子的名字。

妈妈的名字：	爱丽丝	赫拉	查妮斯	菲拉吉丽
孩子的名字：	杰克	艾弗里	露西	科里

066 请在右边的“镜子中”对称地画出上页所看到的图像。

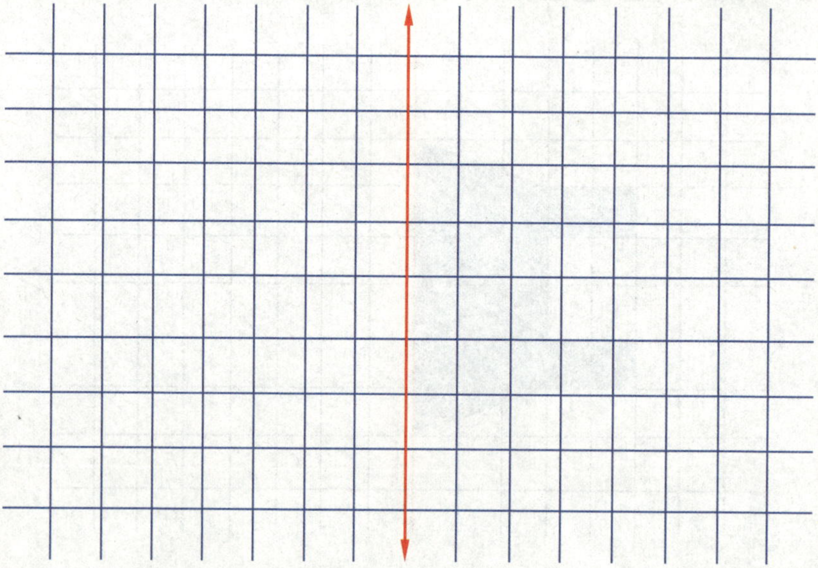

067 请填入空缺的妈妈及孩子的名字。

妈妈的名字：	菲拉吉丽	______	赫拉	______
孩子的名字：	______	露西	______	杰克

068 家庭主妇

这些是几位家庭主妇，你能用 2 分钟时间记住她们的名字以及喜爱的运动吗？

艾玛	朱丽斯	苏伦娜	斯蒂米妮	塔贝斯
羽毛球	游泳	高尔夫	击剑	柔道

069 不同职业

下面的四个人从事不同的职业，请记住他们的姓名及其职业。

安思科特	理查森	哈维斯	布鲁克
装修工	记者	律师	编辑

068 请填入人物的名称及其喜爱的运动。

______	塔贝斯	艾玛	______	斯蒂米妮
高尔夫	______	______	游泳	______

069 请填入人物的名称及其职业。

布鲁克	______	理查森	______
______	律师	______	装修工

第三章

速记词句

我们平时记忆词句时，可利用字钩记忆法来进行记忆。字钩记忆法主要用于记忆许多抽象的词、词组和短文，指的是将记忆内容中的一个或几个最有特点，并且能和整体联系的字，单独提出来，进行重新排列和整理。在这种情况下，只要记住字钩，就能够记住所有内容。

字钩记忆法的主要作用是减轻大脑的负担。虽然人的记忆容量是无限的，但是一定时间内输入过多需要记忆的信息也会使大脑超负荷运行，造成大脑的疲劳，产生一定的负担，导致记忆效果的降低和记忆力下降。碰到这种情况，我们可以把记忆的内容简化，争取通过记忆很少的内容，达到记忆更多的信息的效果，以达到减轻大脑负担的目的，字钩记忆法就具有这样的特点和效果。

字钩记忆法的产生是人们合理利用大脑的自觉记忆和潜记忆的结果。潜记忆是人们普遍存在的一种记忆现象，它储存了人们平时记忆的大多数信息，只要大脑接收到相应的刺激，潜记忆中记忆的信息就会自动再现出来。字钩就是刺激潜记忆中信息再现的重要工具和手段。

在运用字钩记忆法时，人们会把字钩记忆在自己的自觉记忆中，使字钩变成人们的永久性记忆，而其他信息则储存在潜记忆当中。当人们需要完整的信息时，就调出字钩，用字钩刺激潜记忆中的信息的再现。这样，人们只需要用大脑去记忆字钩，而潜记忆中的信息并不会对人们的大脑造成负担，一个轻松的大脑还可以接受各种各样的其他信息，从而提高记忆效率，增强记忆力。

070 蕙的风

请阅读汪静之的这首诗，并记住下面的诗句。

是哪里吹来
这蕙花的风——
温馨的蕙花的风？
蕙花深锁在园里，
伊满怀着幽怨。
伊底幽香潜出园外，
去招伊所爱的蝶儿。
雅洁的蝶儿，
薰在蕙风里：
他陶醉了；
想去寻着伊呢。
他怎寻得到被禁锢的伊呢？
他只迷在伊底风里，
隐忍着这悲惨而甜蜜的伤心，
醺醺地翩翩地飞着。

071 格瓦赫参加培训班

仔细阅读下面的这段文章，并尽可能多地注意其中的细节。

复活节期间，格瓦赫在他所在辖区的一个文化中心参加了一个戏剧培训班。最初，他只是想战胜自己害羞的天性，但是很快他就被出台演出的欲望征服了。在老师的鼓励下，他明天将第一次接受演员分配挑选，参演一个由爱尔兰小说改编的音乐剧。

070 你能填出诗歌中所缺失的字词吗？

是哪里吹来

这________的风——

________的蕙花的风？

蕙花________在园里，

伊满怀着________。

伊底________潜出园外，

去招伊所爱的蝶儿。

________的蝶儿，

薰在蕙风里：

他________了；

想去寻着伊呢。

他怎寻得到被________的伊呢？

他只迷在伊底风里，

隐忍着这________而________的伤心，

醺醺地________地飞着。

071 请回答下面的问题。

1. 格瓦赫在什么时候参加的培训班？

2. 他在哪里参加的培训班？

3. 他抱着什么样的目的报的名？

4. 他什么时候接受第一次演员分配挑选？

5. 音乐剧是由什么改编来的？

072 四个句子 I

阅读下面的句子，并尽可能记住它们的顺序。

1. 下班后，小雅没有直接坐公交车，而是走了三站地，顺道买了苹果和面包，并充了公交卡。

2. 图中每个圆圈内的字母都满足某个拓扑学的规则。

3. 非常感谢你能参加这次的讨论会。

4. 只要用心，还有记不住的事情吗？

073 养成习惯

请认真阅读下面的短文，注意用词的选择。

大多数人都有许多甚至成百上千种习惯让我们记住生活的责任与义务。当然，大多数人都是无意识地养成这些习惯的。这些习惯可能是把我们的桌历翻到一周中恰当的一天，把便条粘在醒目的地方，标记出我们要记得带去学校或工作的东西，等等。这里的策略是有意识地在生活中养成习惯以减轻记忆的负担。比如，当你走进屋子时总是把钥匙放在同一地方，它更适宜放在靠近门的地方。一旦意识到自己的习惯，你就可以利用它们把要记住的信息联系起来。例如，你可能把自己要记得带去工作的书与钥匙放在一起，在你例行其事的时候，就不需要刻意去记忆。

072 下面的字词都是上页的 3 个句子里的，请写出它们各属于哪一句。

规则	第______句
事情	第______句
面包	第______句
用心	第______句
规则	第______句
拓扑学	第______句
能	第______句
讨论会	第______句
感谢	第______句
字母	第______句
公交车	第______句
苹果	第______句
心	第______句

073 与上页的短文相比，下文中的一些词语被替换了，请在被替换的词语下面画横线。

大多数人都有许多甚至成千上万种习惯让我们记住生活的责任与义务。当然，大多数人都是无意识地形成这些习惯的。这些习惯也许是把我们的桌历翻到一周中合适的一天，把便条粘在醒目的地方，标记出我们要记得带去学校或工作的东西，等等。这里的举措是有意识地在生活中养成习惯以减轻记忆的负担。比如，当你走进屋子时总是把钥匙放在同一地方，它更适宜放在顺手的地方。一旦意识到自己的习惯，你就可以利用它们把要记住的信息关联起来。例如，你可能把自己要记得带去学习的书与钥匙放在一起，在你例行其事的时候，就不需要刻意去记忆。

074 天山

请认真阅读下面的短文，注意用词的选择。

天山不仅给人一种稀有美丽的感觉，而且更给人一种无限温柔的感情。它有丰饶的水草，有绿发似的森林。当它披着薄薄云纱的时候，它像少女似的含羞；当它被阳光照耀得非常明朗的时候，又像年轻母亲饱满的胸膛。人们会同时用两种甜蜜的感情交织着去爱它，既像婴儿喜爱母亲的怀抱，又像男子依偎自己的恋人。

075 天上的街市

请阅读下面这首郭沫若的诗歌。

远远的街灯明了，
好像闪着无数的明星。
天上的明星现了，
好像点着无数的街灯。

我想那缥缈的空中，
定然有美丽的街市。
街市上陈列的一些物品，
定然是世上没有的珍奇。

你看，那浅浅的天河，
定然是不甚宽广。
那隔河的牛郎织女，
定能够骑着牛儿来往。

我想他们此刻，
定然在天街闲游。
不信，请看那朵流星，
那怕是他们提着灯笼在走。

074 与上页的短文相比，下文中的一些词语被替换了，请在被替换的词语下面画横线。

天山不仅给人一种稀有瑰丽的感觉，而且更给人一种无限温柔的情感。它有丰饶的水草，有绿发似的树木。当它披着薄薄云纱的时候，它像少女似的害羞；当它被阳光照耀得非常明亮的时候，又像年轻母亲丰满的胸膛。人们会同时用两种甜蜜的感情交织着去爱它，既像婴儿喜爱母亲的怀抱，又像男子依靠自己的恋人。

075 你能填写诗歌中所缺失的字词吗？

远远的________明了，
好像闪着________的明星。
天上的________现了，
好像点着无数的________。

我想那________的空中，
定然有________的街市。
街市上________的一些物品，
定然是世上没有的________。

你看，那浅浅的________，
定然是不甚________。
那________的牛郎织女，
定能够骑着牛儿________。

我想他们此刻，
定然在天街________。
不信，请看那朵________，
那怕是他们提着________在走。

076 一句话

请认真阅读下面的这句话，并尽量记住。

光荣的荆棘路看起来像环绕着地球的一条灿烂的光带。只有幸运的人才被送到这条带上行走，才被指定为建筑那座连接上帝与人间的桥梁的、没有薪水的总工程师。

077 诗句

请花 2 分钟时间记住下面的诗句。

1. 寂寞空庭春欲晚，梨花满地不开门。
2. 行到水穷处，坐看云起时。
3. 沾衣欲湿杏花雨，吹面不寒杨柳风。
4. 黑发不知勤学早，白首方悔读书迟。
5. 东边日出西边雨，道是无晴却有晴。
6. 莫听穿林打叶声，何妨吟啸且徐行。
7. 云想衣裳花想容，春风拂槛露华浓。
8. 古人学问无遗力，少壮工夫老始成。
9. 人生若只如初见，何事秋风悲画扇。
10. 日出江花红胜火，春来江水绿如蓝。

078 一串词语

看一下下列词汇并试着记住它们。你有 2 分钟的时间。

木偶	火车	上衣	毯子
汽车	足球	椅子	裤子
桌子	摩托车	谜语	沙发
帽子	玻璃球	直升机	袜子

076 你的记忆力怎么样？请凭借记忆回答下面的问题。

1. 上页的那句话一共有多少个字？

2. 句子中一共有多少个名词？

3. “的”字前的词语分别是什么？

4. 句子中一共有多少个动词？

5. “光荣的荆棘路”被比喻成什么？

077 你的记忆力如何？请填入缺失的上句或下句。

1. ________，梨花满地不开门。
2. 行到水穷处，________。
3. ________，吹面不寒杨柳风。
4. 黑发不知勤学早，________。
5. ________，道是无晴却有晴。
6. 莫听穿林打叶声，________。
7. ________，春风拂槛露华浓。
8. 古人学问无遗力，________。
9. ________，何事秋风悲画扇。
10. 日出江花红胜火，________。

078 尽可能多地把上页的那些词语写出来。

079 度蜜月

仔细阅读这段文章，并记住其内容。

去年，纪尤姆和朱丽叶去埃及度蜜月。他们花了一个星期，乘坐一艘四层豪华大客轮沿着尼罗河游览了整个国家。他们对国王河谷印象特别深刻，那儿有法老墓。不幸的是，朱丽叶难以忍受这个国家闷热的天气。

080 痛苦的记忆

仔细阅读下面的句子，并记住其内容。

在很多情况下，痛苦的记忆会演变成一种避性反应和其他一些持久性的非逻辑行为。严格说来，当这种记忆被唤起时，我们似乎不会采取非常理性的行为。这种记忆的结果会对当前的情况做出不合适的反应。有些时候提到像“感情包袱或是有毒记忆”这样的现象，如果我们不承认他们的存在，那么这些联系最后就会妨碍当前的关系往来和健康的交流模式，并且可能有意识地用更合适的反应替换过时的反应。

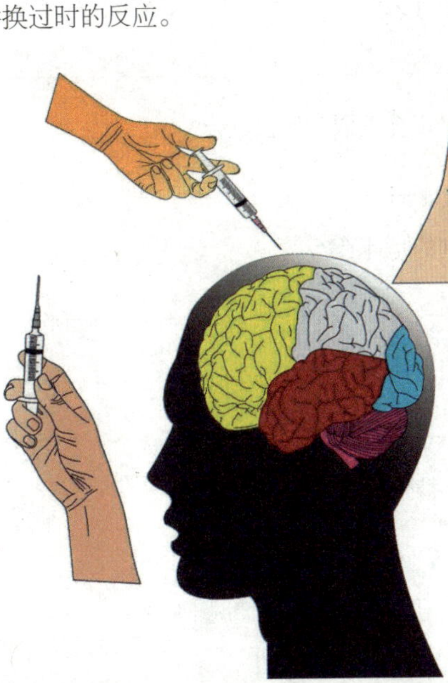

079 请回答下面的问题。

1. 纪尤姆和朱丽叶是什么时候去埃及的？

2. 他们为什么去埃及？

3. 他们在埃及逗留了多久？

4. 大客轮有几层？

5. 他们对什么留下特别的印象？

6. 朱丽叶遇到什么困难？

080 请回答下面的问题。

1. 痛苦的记忆会演变成什么？

2. 文中提到“我们似乎不会采取”什么行为？

3. 与“感情包袱”并列的是什么？

4. 文中有一句“健康的”什么？

5. 过时的反应会被什么替换？

6. 文中提到的“痛苦的记忆”是在少数情况下吗？

081 三驾马车

请记住下面这些有三个词语组成的组合。

鱼—戒指—气球	汽车—盘子—网球
蛋糕—沙发—拖鞋	父亲—石头—自行车
奶粉—木偶—梳子	不倒翁—玻璃—头发
律师—电梯—珠子	银行—梅花—书

082 词语大杂烩

请记住下面的这些词语，并在脑中构想一幅幅画面。

跳舞・冰激凌・希望・型号

孩子・切・大笑・凌乱

上升・眼睛・麦克风

生气・水・大衣

083 美丽可爱的树

仔细阅读下面的短文，并记住其内容。

假如我现在要赞美一种植物，我仍是要赞美杨柳。但这与前缘无关，只是我这几天的所感，一时兴到，随便谈谈，也不会像信仰宗教或崇拜主义地毕生皈依它。为的是昨日天气佳，埋头写作到傍晚，不免走到西湖边的长椅子里去坐了一番。看见湖岸的杨柳树上，好像挂着几万串嫩绿的珠子，在温暖的春风中飘来飘去，飘出许多弯度微微的S线来，觉得这一种植物实在美丽可爱，非赞它一下不可。

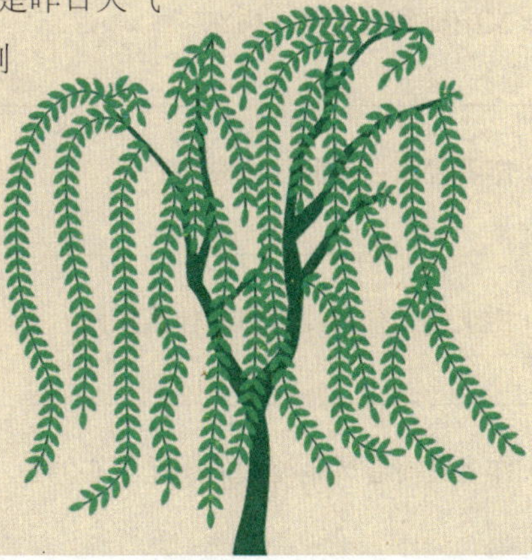

081 上页的“三驾马车”你还记得吗？请填入缺失的词语。

鱼—________—________

汽车—________—________

蛋糕—________—________

父亲—________—________

奶粉—________—________

企鹅—________—________

律师—________—________

银行—________—________

082 回想上页的词语，我们能够做什么？（例如：我们在跳舞）

我们________________ 我们________________

我们________________ 我们________________

我们________________ 我们________________

我们________________ 我们________________

我们________________ 我们________________

我们________________ 我们________________

我们________________ 我们________________

083 请回答下面的问题。

1. 文中提到的是什么树？

....

2. 作者经常会走到什么湖边？

....

3. 树上像是挂着几万串的什么东西？

....

4. 作者觉得春风是温暖的还是舒心的？

....

084 地图

阅读下面的短文，并准确记住其内容。

有一位成功人士，小学六年级的时候，考试得了第一名，老师送他一本世界地图，他好高兴，跑回家就开始看这本世界地图。很不幸，那天轮到他为家人烧洗澡水。他就一边烧水，一边在灶边看地图。他看到一张埃及地图，想到埃及很好，有金字塔，有埃及艳后，有尼罗河，有法老王，有很多神秘的东西，心想长大以后如果有机会一定要去埃及。

085 记故事

仔细阅读下面的短文，并记住其内容。

罗先生正走在去一家超市的路上，他要买早餐、一瓶啤酒、两斤鸡蛋，以及一些甜品。当他沿着人行道往回走时，看见一位女士在一块石头上绊了一下，摔倒在地，撞到了头。他赶紧跑过去看她是否需要帮助，并看到她头上的伤口正在流血。他奔向附近最近的房子，敲开了门，告诉来开门的女子发生了什么事情，并请她打电话叫人帮忙。15分钟后，来了一辆救护车，把受伤的女士送进了医院。

084 请回答下面的问题。

1. 上页介绍的成功人士当时在上几年级？

2. 他考试考了第几名？

3. 老师给了他一本什么东西？

4. 他做了什么家务？

5. 他在做家务的时候看见了一张什么东西？

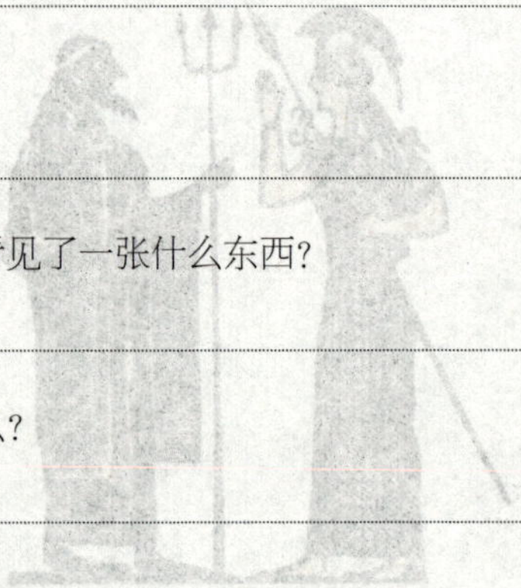

6. 那张东西上都有什么？

7. 他长大后想去哪？

085 根据记忆尽可能地（尽可能按照原来的词句）写出上页的那个故事。

086 彩色的词

请用 2 分钟时间记住下面的词及其颜色。

红色	绿色
蓝色	橘红色
黑色	蓝色
黄色	灰色
红色	粉红色

087 对立的词语

下面的这些相互对立的词语请牢记。

活泼—呆板	前进—停留
稳重—暴躁	答应—请求
聪明—愚笨	开放—拘谨
直线—曲线	最小值—最大值
伙伴—敌人	成功—失败
坚强—脆弱	狡猾—直率
过剩—缺乏	成品—原料
诚实—虚伪	播种—收获
发件人—收件人	普通的—罕见的
宽厚—刻薄	独立—依附
大方—吝啬	遥远—迫近

086 上页的词和颜色你还记得吗？请回答下面的问题。

1. 上页共有多少个词？

....

2. “橘红色”的词呈现什么颜色？

....

3. “绿色”的词呈现什么颜色？

....

4. 哪几种颜色有两个词？

....

5. 哪几种颜色只有一个词？

....

6. “黑色”的词呈现的是黑色吗？

....

087 回忆上页对立的词语，补充下面的空白。

直线—________	最小值—________
发件人—________	普通的—________
活泼—________	前进—________
聪明—________	开放—________
诚实—________	播种—________
伙伴—________	成功—________
过剩—________	成品—________
宽厚—________	独立—________
坚强—________	狡猾—________
稳重—________	答应—________
大方—________	遥远—________

088 帕瓦罗蒂

阅读下面的短文，并准确记住其内容。

当帕瓦罗蒂还是个孩子时，他的父亲，一个面包师，就开始教他学习歌唱。父亲鼓励他刻苦练习，打下坚实的功底。后来，在他的家乡意大利的蒙得纳市，一位名叫阿利戈·波拉的专业歌手收帕瓦罗蒂为他的学生，那时，帕瓦罗蒂还在一所师范学院上学。在毕业时，他问父亲："我应该怎么办？是当教师还是成为一个歌唱家？"父亲这样回答他："如果你想同时坐两把椅子，你只会掉到两个椅子之间的地上。在生活中，你应该选定一把椅子。"他选择了。忍住失败的痛苦，经过7年的学习，他终于第一次正式登台演出。此后他又用了7年的时间，终于进入大都会剧院。

089 概念混合记忆 I

下面的这些词语没有任何联系，请记住它们。

雨伞	电脑
黄瓜	气球
彩虹	雨刷器
绳子	风
纱窗	电视机
熊猫	钢琴
门	水泥
立交桥	楼梯
沙发	水杯
餐桌	床单

088 请回答下面的问题。

1. 帕瓦罗蒂的父亲是做什么的？

2. 帕瓦罗蒂的家乡是什么地方？

3. 收帕瓦罗蒂为学生的歌手叫什么名字？

4. 帕瓦罗蒂曾经在什么学院上学？

5. 帕瓦罗蒂曾经在毕业时在哪两个工作前做选择？

6. 经过几年的学习，帕瓦罗蒂才第一次登台演出？

089 下面的词语中添加了一些新词，有些词被替换了，请将新添加的词语勾出来。

□雨衣	□电脑
□黄瓜	□奶粉
□彩虹	□雨刷器
□绳索	□飓风
□纱窗	□电视机
□棕熊	□钢琴
□门	□泥土
□立交桥	□楼梯
□长椅	□水杯
□餐桌	□被罩

090 猜谜

阅读下面的短文，并准确记住其内容。

桌子上放着一台彩电。A说："以这台彩电为道具，谁能连做两个简单的动作，打两个成语？"大家都在静静地思索。忽然，B走上前来，将彩电开关打开，屏幕上出现了画面，有了声音。没过几秒钟，B又把电视开关关了。B的这两个动作并没有引起人们的注意。谁料，A竟说B猜中了谜底——有声有色、不露声色。

091 秀才贵姓

阅读下面的短文，并准确记住其内容。

从前，一大户人家的老太太过六十大寿，八方宾朋济济一堂。一位秀才进京赶考，路过这里，想求一口饭吃。老太太热情地款待了他。席间，老太太问秀才："贵人尊姓大名？"秀才回答："今天不是老太太的生日宴吗？巧得很，我的姓氏与生日宴很有缘。如果把生日宴三个字作为谜面，打一字，谜底即是。"老太太疑惑地摇了摇头。谁知站在身旁的侍女说："姓安吧！"

090 请回答下面的问题。

1. 桌子上放着什么东西？

2.B 对那个东西做了什么？

3. 其他人都注意到 B 的行动了吗？

4.A 出的谜语有人猜中了吗？

5. 谜底分别是什么？

091 请回答下面的问题。

1. 大户人家在进行什么活动？

2. 文中提到的老太太多少岁了？

3. 路过的秀才要去干什么？

4. 老太太乐意款待秀才吗？

5. 老太太问秀才的是什么问题？

6. 谁猜出了谜底？

092 聪明的小书童

阅读下面的短文，并准确记住其内容。

明朝有一个著名的文学家，叫冯梦龙。有一年夏天的一个早晨，冯梦龙起床后，发现后院的桃花盛开了，正在这时，有一位姓李的朋友来拜会。冯梦龙便开玩笑说："桃李杏春风一家，既然您来了，我们就到后院去，一面喝酒，一面赏看您本家吧！"他们来到后院，冯梦龙忽然想起忘了一样东西，就对书童说："你快去拿一件东西，送到后院来！"书童问："是什么东西呢？"冯梦龙随口就造了一个谜："有面无口，有脚无手，又好吃肉，又好吃酒。"书童愣了一下，便拿出了酒桌。

093 文静的姑娘

阅读下面的短文，并准确记住其内容。

一位精明的老板为了招揽生意，将一件一寸高的玉雕仕女摆在陈列台上，旁边附有说明："本店愿以谜会友。用这一寸人作谜面，打一字，猜中者，此玉雕仕女便是赠品。"这一招真灵，店内天天顾客盈门。只是一连几天没有谁能猜中。这一天，老板正拿着"一寸人"向顾客夸耀时，一位文静的姑娘从老板手中抢过玉雕，转身便走。保安人员正要前去阻拦，老板说话了："她猜中了，是'夺'。"

092 请回答下面的问题。

1. 上页的故事发生在什么朝代？

2. 当中提到的文学家叫什么？

3. 什么树的花开了？

4. 来拜会的朋友姓什么？

5. 他想要的东西直接跟书童说了吗？

6. 他让书童把什么东西送到后院？

093 请回答下面的问题。

1. 老板出于什么目的想了一招？

2. 他把什么东西摆在了陈列台上？

3. 这个东西有多高？

4. 老板说猜中谜面者有什么奖励？

5. 最终是谁猜中了谜？

6. 猜中者有什么举动？

094 “过耳不忘”的莫扎特

阅读下面的短文，并准确记住其内容。

在 1784 年的一个晚间音乐会上，莫扎特亲自弹钢琴，和小提琴演奏家特里纳萨奇共同演奏，他们的演奏得到了奥地利皇帝的欣赏。演奏结束之后，奥地利皇帝要求看莫扎特演奏的钢琴曲谱，但是等他拿到手的时候，却发现只是一张白纸。原来，刚演奏的曲子是莫扎特在音乐会的前一天晚上才创作完成的降 B 大调钢琴曲和小提琴奏鸣曲，因为时间紧，莫扎特只写下了小提琴那部分的谱子，以便特里纳萨奇能早做准备，而钢琴那部分就只能凭借他自己的记忆去演奏。

095 概念混合记忆 Ⅱ

下面的这些词语没有任何联系，请记住它们。

茶叶	大象
饼干	水
冰激凌	水盆
电源	书
拼图	鸡
绵阳	钳子
文件夹	玻璃
蚊子	衣柜
垫子	池塘
塑料袋	空调

094 请回答下面的问题。

1. 上页提到的音乐会发生在哪一年？

2. 莫扎特弹的是什么？

3. 和他共同演奏的小提琴演奏家叫什么名字？

4. 他们的演奏得到了谁的欣赏？

5. 那人看到莫扎特所演奏的曲谱了吗？

6. 他们所演奏的是降 B 大调钢琴曲和什么？

095 试着把上页的词语都写出来。

096 鼓励

阅读下面的短文，并准确记住其内容。

安娜小时候，父母经常因她获得的成绩鼓励她。后来，她不再依赖父母的奖励，而是不断地自己奖励。大学毕业后，安娜所在的单位资不抵债，宣布破产了。有很长的一段时间，她因为胆小，怕面试时用人单位对自己说“NO”而待在家里。有一天，安娜对自己说，如果今天我去两家公司应聘，回家时就给自己买下那条心仪已久的长裙。她做到了，记得当时她是用向母亲借的钱来完成对自己的承诺的。一星期后，她居然同时收到那两家单位的用人通知。

097 成长的历程

阅读下面的短文，并准确记住其内容。

美国捷运公司的布斯奎特曾经是一家名不见经传的小公司的总经理。任职期间，他管辖的雇员中，有 5 名人员故意隐瞒了 2400 万美元的公司亏损。结果在年底查账时被人查了出来，布斯奎特也因此失去了他的工作。但这次失败并未给他造成毁灭性的打击，反而促使他进一步地进行了反思。他意识到那 5 名员工故意隐瞒亏损的原因在于自己在别人的眼里是一个凡事追求完美的人，这无疑给他们造成了一种危机感和压迫感，致使他们不敢上报坏消息。经过这次失败和自我反思的洗礼后，布斯奎特在以后的事业生涯中，勇于面对挑战，一步一步地走向成功的巅峰。现在，布斯奎特是捷运公司的执行副总裁。

096 请回答下面的问题。

1. 上页提到的女孩叫什么？

2. 她开始所在的单位因什么破产？

3. 她失业后立即去别家面试了吗？

4. 她以什么为目标鼓励自己的？

5. 她的钱哪来的？

6. 多久后她收到了录用通知？

097 请凭借记忆回答下面的问题。

1. 上页短文的故事发生在哪个国家？

2. 短文的主人翁叫什么名字？

3. 在他任职期间，员工故意隐瞒了多少美元的公司亏损？

4. 他对此次的失败心灰意冷了吗？

5. 他曾经在那个小公司是什么职位？

098 三个句子 I

阅读下面的句子，并尽可能记住它们的顺序。

1. 诺斯家的柜子上摆放着 5 个小猪储蓄罐，他家的 5 个小孩正努力存钱。

2. 这周的“思道布自由言论”主要是关于 4 个乡村酒吧老板的新闻。

3. 洛蒂·吉姆斯本是一个不起眼的女演员，但是却凭自己的努力争得了几部大片的参演。

099 游泳健将

阅读下面的短文，并准确记住其内容。

世界著名的游泳健将弗洛伦丝·查德威克，从卡得林那岛游向加利福尼亚海湾，在海水中泡了 16 个小时，只剩下 1800 多米时，她看见前面大雾茫茫，潜意识发出了“何时才能游到彼岸”的信号，她顿时浑身困乏，失去了信心。于是她被拉上小艇休息，失去了一次创造纪录的机会。事后，弗洛伦丝·查德威克才知道，她已经快要登上了成功的彼岸，阻碍她成功的不是大雾，而是她内心的疑惑。

098 下面的字词都是上页的 3 个句子里的，请写出它们各属于哪一句。

吉姆斯	第______句
努力	第______句
储蓄罐	第______句
关于	第______句
参演	第______句
诺斯	第______句
乡村酒吧	第______句
4 个	第______句
柜子	第______句
5 个	第______句
不起眼	第______句
摆	第______句
自己	第______句

099 请凭借记忆回答下面的问题。

1. 游泳健将叫什么名字？

____

2. 她的目标是从哪游到哪？

____

3. 文中提到她在海水里泡了多长时间？

____

4. 当时的天气怎么样？

____

5. 她到哪进行了休息？

____

6. 她创造了新的世界纪录吗？

____

100 富翁

阅读下面的短文，并准确记住其内容。

从前，有一位百万富翁整天向别人吹嘘自己是如何如何具有同情心。这天一位十分贫穷的农夫来到富翁家中，向他讲述自己的贫穷以及人生遭遇的凄惨，他讲得是那么真切生动，这位百万富翁感到从来没有这么被感动过。他眼泪汪汪地对自己的佣人说："哦！汤姆，赶快把这个家伙赶出去，他讲的故事实在太凄惨了，我的心都快碎了！"

101 儿童画

阅读下面的短文，尽可能地记住细节。

在一个春光明媚的早晨，有一只漂亮的鸟儿，站在摆动的树枝上放声歌唱，树林里到处回荡着它甜美的歌声。一只田鼠正在树底下的草皮里掘洞，它把鼻子从草皮底下伸出来，看着树上的鸟儿。

100 请回答下面的问题。

1. 这个富翁有同情心吗？

2. 有一天富翁家里来了个什么人？

3. 富翁被故事感动了吗？

4. 来拜访富翁的人得到了什么？

5. 富翁对佣人说了什么？

101 请凭借记忆，画出上页短文所描绘的场景。

102 回到地球

阅读下面的短文，并准确记住其内容。

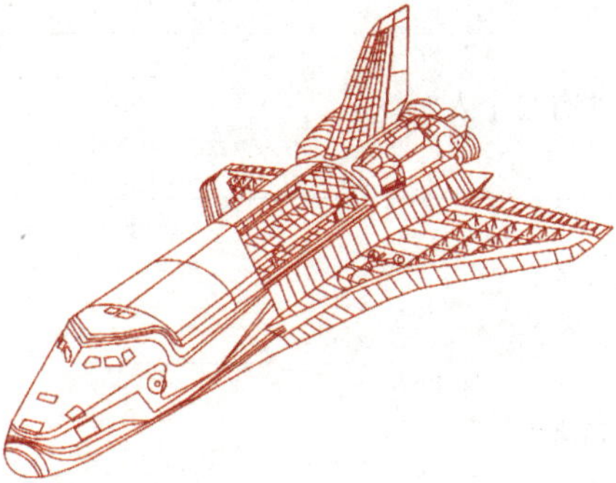

“大不列颠”号航天飞机结束了它的火星之旅，要返回地球。飞机上一共有5位成员，其中包括1位飞行员和4位负责不同实验程序的科学家，他们已经在变速躺椅上做好了返回地球的准备。飞行员姜根·克可说：“我们马上就要到家了，哈哈哈。”物理学家尼克·索乐微笑着点了点头。

103 成语

请花2分钟时间记住下面的成语。

洞若观火	耳提面命	去末归本
群策群力	茹苦含辛	不虞之誉
步步为营	沧海桑田	瞠目结舌
绰约多姿	得鱼忘筌	大智若愚

102 请凭借记忆回答下面的问题。

1. 这个航天飞机叫什么名字？

2. 航天飞机上一共有几个人？

3. 其中有几位飞行员？

4. 飞行员叫什么名字？

5. 飞行员的话叫什么名字的人做了反应？

6. 微笑点头的人是化学家、生物学家，还是物理学家？

7. 他们去哪旅行了？

8. 他们坐着的椅子叫什么名字？

103 你的记忆力如何？请尽量写全上页的成语。

104 选演员

阅读下面的短文，并准确记住其内容。

思道布音乐剧团决定在今年上演《安妮》这出音乐剧，但要找一个能扮演10岁的小安妮的演员。昨晚，导演卢克·夏普让4个候选演员进行了预演，她们不是太成熟就是个子太高，要么就是长相太丑陋了，结果均不令人满意。

105 白兰地

阅读下面的短文，并准确记住其内容。

趁着1957年10月艾森豪威尔总统67岁寿辰之际，法国商人制订了一项完美的计划，他们致函给美国有关人士：法国人民为了表示对美国总统的友好感情，将选赠两桶已有67年历史的白兰地酒作为贺礼；这两桶酒将由专机运送到美国，白兰地公司为此支付巨额保险金；将举行隆重的赠送仪式……美国新闻界将此消息如实报道后，结果这两桶白兰地还未运到美国，美国人对它就已经是思之如渴了。白兰地酒运抵华盛顿举行赠送仪式时，市民们趋之若鹜，盛况空前，而新闻界更是不甘寂寞，有关赠送白兰地酒仪式的专题报道、新闻照片无处不在。聪明的法国商人们如愿以偿：白兰地顺利地打入了美国市场。

104 请凭借记忆回答下面的问题。

1. 这个音乐剧团叫什么名字？

____

2. 他们在为哪个剧目选演员？

____

3. 这次选到演员了吗？

____

4. 导演叫什么名字？

____

5. 导演让几个候选的演员进行了预演？

____

6. 导演要为这个剧目选个扮演多少岁的演员？

____

7. 其中有一个演员是因为个子低而被淘汰了吗？

____

8. 这个剧目准备什么时候上演？

____

105 你的记忆力如何？请填入缺失的词语。

趁着1957年10月__________总统67岁寿辰之际，法国商人制订了一项完美的计划，他们______给美国有关人士：法国人民为了表示对美国总统的友好感情，将选赠两桶已有______历史的______作为贺礼；这两桶酒将由专机运送到美国，白兰地公司为此支付巨额保险金；将举行隆重的______……美国______将此消息如实报道后，结果这两桶白兰地还未运到美国，美国人对它就已经是________了。白兰地酒运抵华盛顿举行赠送仪式时，市民们__________，盛况空前，而新闻界更是不甘寂寞，有关赠送白兰地酒仪式的专题报道、新闻照片无处不在。聪明的法国商人们________：白兰地顺利地______了美国市场。

106 夜色

请认真阅读下面的短文，注意用词的选择。

日落后一小时，月亮在对面天空出现。夜空皇后从东方带来的馥郁的微风好像她清新的气息率先来到林中。孤独的星辰冉冉升起：她时而宁静地继续她蔚蓝的驰骋，时而在好像皑皑白雪笼罩山巅的云彩上憩息。云彩揭开或戴上它们的面纱，蔓延开去成为洁白的烟雾，散落成一团团轻盈的泡沫，或者在天空形成絮状的耀眼的长滩，看上去是那么轻盈、那么柔软和富于弹性，仿佛可以触摸似的。

107 脑力锦标赛

阅读下面的短文，并准确记住其内容。

2010年，第19届世界脑力锦标赛在广州举行。在此次大赛中，在22个国家的148位记忆高手之间进行。比赛第一天，王峰在两个记忆项目上打破了世界纪录。比赛第二天，他的总成绩已经排在第一位，可是第三天，由于王峰在历史事件、记忆人名和图像记忆中表现一般，比赛排名发生了变化。最后一天，是比王峰最擅长的快速扑克牌记忆和听数记忆，他以24秒22准确记住了一副扑克牌，成功打破了世界纪录。最终他力压群雄稳拿第一。这次比赛中，他总共获得五项冠军，如愿以偿登上了总冠军的领奖台。他也是这个比赛举行19年以来首位获得世界脑力锦标赛冠军的中国人，被世界大脑基金会特别授予“2010年大脑年度人物”。

106 与上页的短文相比，下文中的一些词语被替换了，请在被替换的词语下面画横线。

日落后两小时，星星在对面天空出现。夜空公主从东方带来的馥郁的微风好像她清新的面容率先来到林中。成群的星辰冉冉升起：她时而宁静地继续她漆黑的驰骋，时而在好像皑皑白雪笼罩山坡的云彩上憩息。云彩揭开或戴上它们的面纱，蔓延开去成为缥缈的烟雾，散落成一团团轻盈的片块，或者在天空形成连续的耀眼的长滩，看上去是那么轻柔、那么细滑和富于弹性，仿佛可以触摸似的。

107 请凭借记忆回答下面的问题。

1. 上页短文中提到的锦标赛是哪一年的？

____

2. 这次的锦标赛是多少届？

____

3. 锦标赛的举行地在哪？

____

4. 此次大赛参赛的国家有多少个？

____

5. 一共有多少位记忆高手？

____

6. 文中的中国选手叫什么名字？

____

7. 中国选手的成绩如何？

____

108 我最喜爱的河

阅读下面的短文，并准确记住其内容。

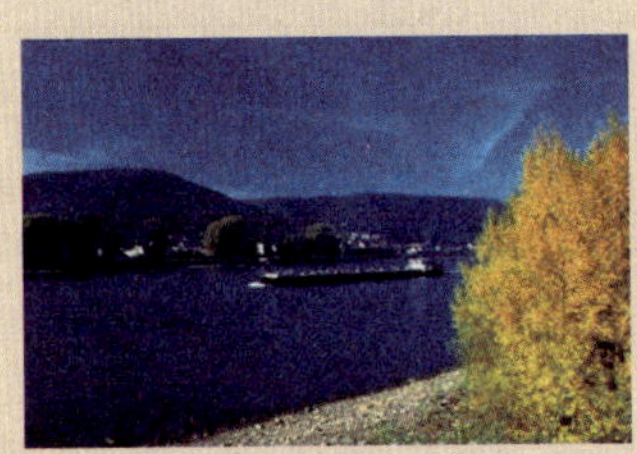

我也曾对您说过，在所有的江河中，我最喜爱莱茵河。我第一次见到这条河，是在一年前，在凯尔经过浮桥的时候。夜幕降临，车子缓缓地移动。当我通过这条古老河流的时候，我感受到了某种敬仰之情。这，我至今不曾忘怀。很久以来，我一直想看看这条河。每当我与这些大自然中的伟物相接触——我几乎要说是与其心心相印时，我都被深深地感动。

109 四个句子 Ⅱ

阅读下面的句子，并尽可能记住它们的顺序。

1. 今年贝尔弗女子大学的演讲日会有 3 个特殊人物到来。她们年幼时就随父母移居外地，在她们新的家乡中事业有成。

2. 调查者正在英国海滩上采访 5 个快乐周末无极限”阵营的工作人员。

3. 在安第斯山脉的某个人迹罕至之地，那里的 4 座高峰都被当地居民当作神来崇拜。

4. 四位桥牌选手各坐桌子一方，手中各有不同花色的一副牌。

108 请凭借记忆回答下面的问题。

1. 上页短文中提到的是什么河？

2. 第一次是如何见到这条河的？

3. 当时的情景是白天还是晚上？

4. 作者对这条河的喜爱程度在短文中是如何描述的？

5. 作者说自己与什么相接触时都会被感动？

109 下面的字词都是上页的 3 个句子里的，请写出它们各属于哪一句。

选手	第____句
工作人员	第____句
特殊	第____句
神	第____句
贝尔弗	第____句
花色	第____句
会	第____句
大学	第____句
5 个	第____句
家乡	第____句
安第斯山脉	第____句
手	第____句
海滩	第____句

110 三个句子 II

阅读下面的句子，并尽可能记住它们的顺序。

1. 玛丽听到冰激凌卡车正从街上开来，她想起了她生日时收到的钱，马上跑回屋去。

2. 引导是一种能够影响记忆的暗示。

3. 汽车在停车牌前暂停后撞击并进入了一个十字路口。

111 游泳运动员

阅读下面的短文，并准确记住其内容。

作为一名游泳运动员，哈代曾经两度入选美国奥运会游泳代表队，也曾经连续 3 届获得“密西西比河 16 千米马拉松赛”的冠军。哈代在游泳的时候，觉得大家在比赛时使用的游泳姿势不好，决心加以改变。但是，当他把想法告诉教练时，教练认为他的想法太过荒唐，立刻加以拒绝。一位游泳冠军也告诫他不要冒险尝试，以免不小心在水里淹死。当然，哈代还是没有理会他们的告诫，仍然不断地挑战传统的游泳姿势，最后终于发明了自由式游泳。自由式游泳现在已经成为国际游泳比赛的标准姿势之一。

110 下面的字词都是上页的 3 个句子里的，请写出它们各属于哪一句。

汽车	第______句
记忆	第______句
冰激凌	第______句
十字路口	第______句
暗示	第______句
生日	第______句
引导	第______句
停车牌	第______句
卡车	第______句
钱	第______句
玛丽	第______句
屋	第______句
撞击	第______句

111 请凭借记忆回答下面的问题。

1. 游泳运动员叫什么名字？

....

2. 他曾两度入选什么队？

....

3. 他还曾经获得什么比赛的冠军？

....

4. 获得冠军的比赛项目的里程是多少？

....

5. 他对游泳姿势有想法，教练赞成他的想法吗？

....

6. 谁告诫他不要冒险尝试新姿势？

....

112 伟大的音乐家

阅读下面的短文，并准确记住其内容。

伟大的波兰音乐家弗雷德里克·肖邦不满 20 岁就成为华沙公认的钢琴家和作曲家。在他 29 岁那年，德军攻占波兰，以后肖邦一直漂泊异国，大部分时间在法国度过，直到长眠于巴黎的拉雪兹公墓，但他的心脏被运回祖国。在国外的日日夜夜，肖邦无时无刻不在思念着祖国，他创作了很多具有爱国主义思想的钢琴作品，以此抒发自己的思乡情、亡国恨。

113 迟到了

阅读下面的短文，并准确记住其内容。

在这周的工作日，5 个好友某个晚上出去参加了一个聚会，结果，第二天大家睡过头了，他们每个人上班都迟到了。做邮递员的克拉克·赛德曼迟到了 50 分钟。主管很生气，狠狠地训了他一顿；当老师迪罗·耐品迟到了 20 分钟，班长去老师休息室找了他 3 次；工匠迈克尔·奇坡晚到了 1 个小时，他的师傅彻底抓狂了；计算机程序员鲁宾·兰格 40 分钟；收银员思欧·斯朗博斯迟到了 30 分钟，主管不情愿地替他兼了会儿差。

112 请凭借记忆回答下面的问题。

1. 音乐家是哪一国的？

2. 音乐家叫什么名字？

3. 他成为华沙公认的什么人物？

4. 在他 29 岁那年发生了什么事情？

5. 他漂泊异国，大部分的时间在哪里度过的？

6. 他创作的很多钢琴作品的思想是什么？

113 请凭借记忆回答下面的问题。

1. 这次聚会共有几个人？

2. 第二天他们为什么上班都迟到了？

3. 当老师的叫什么名字？

4. 谁迟到的时间最长？

5. 谁被主管狠狠地训了一顿？

114 品酒会

阅读下面的短文，并准确记住其内容。

一次品酒会上，5 位威士忌专家被邀请来品尝 5 种由单一麦芽酿造而成的酒，每种酒的生产年份不同，且产自苏格兰不同地区。8 年陈的威士忌来自苏格兰高地，格伦冒给它打了 85 分；10 年陈的威士忌来自肯泰，因沃那奇给它打了 83 分；12 年陈的威士忌来自伊斯雷岛，布兰克布恩给它打了 96 分；14 年陈的威士忌来自斯培斯，格伦奥特给它打了 92 分。16 年陈的威士忌来自苏格兰低地，斯吉夫给它打了 79 分。

成语接龙

下面的成语，前一个成语的最后一个字，是它后面那个成语的第一个字，这在修辞上叫“顶真”。请在它们之间的空白处填上一个字，使每组成语连接起来。

今是昨（　）同小（　）望不可（　）

以其人之道，还治其人之（　）体力（　）

若无（　）在人（　）所欲（　）富不（　）

至义（　）心竭（　）不胜（　）重道（　）

走高（　）沙走（　）破天（　）天动（　）

利人（　）睦相（　）心积虑

醉生梦（　）去活（　）去自（　）花

似（　）树临（　）调雨（　）手牵（　）肠

小（　）听途（　）长道（　）兵相（　）二

连（　）言两（　）重心（　）驱直（　）不

敷（　）其不（　）气风（　）扬光（　）材

小（　）兵如（　）采飞（　）眉吐（　）象

万（　）军万（　）到成（　）败垂（　）千

上（　）古长（　）红皂（　）日作（　）寐

以（　）同存（　）想天（　）天辟地

114 请凭借记忆回答下面的问题。

1. 品酒会上请了几个专家？

2. 这次品酒会是关于什么酒的？

3. 这些酒都是由什么酿造而成的？

4. 这些酒都产自哪个国家？

5. 哪个品酒专家给他品尝的酒打了 85 分？

6. 10 年陈的酒来自什么地区？

7. 多少年陈的酒来自斯培斯？

诗词填数

准确地填出下面诗词选句中的第一个字，你会发现它们是一组很有趣的数词。

___年好景君须记（苏轼）

___月巴陵日日风（陈与义）

___月残花落更开（王令）

___月清和雨乍晴（司马光）

___月榴花照眼明（朱熹）

___月天兵征腐恶（毛泽东）

___百里驱十五日（毛泽东）

___千里路云和月（岳飞）

___雏鸣凤乱啾啾（李颀）

___万里风鹏正举（李清照）

___亩庭中半是苔（刘禹锡）

___里莺啼绿映红（杜牧）

___紫千红总是春（朱熹）

第四章

巧记数字和字母

数字和字母是我们日常生活中会经常接触到的，记忆数字和字母是让许多人头疼的事情。在此，介绍一些巧记数字和字母的方法。

在记忆某些数字时，把数字变成一些有意义、有内容的汉字或语句。实际上这种方式我们经常用到。例如，说圆周率是3.14159265358979323846 26……我们在记忆的时候，如果直接记住这些数字，显然不是很容易，通常采用的方法都是用汉字来代替，比如"山巅一寺一壶酒，尔乐苦煞吾，把酒吃，酒杀尔，杀不死，乐尔乐"。再比如02用汉字表示可以是栋梁，36用汉字表示可以是山路。如果想要记住无产阶级革命家刘志丹出生的时间1902年和战死的时间1936年，就可以用"刘志丹是栋梁，战死在山路上"的方式，这样既能记住他战死的时间，也能记住他的身份和死亡的原因。

在记忆某些单词时，可以先在你的脑中想出一个故事，尽量把每个物品联系起来。尽管在脑中形成一个场景包括所有物品是一种人为的修饰，但是确实是很有用的。例如，我想要记住下面的10个单词:（Cup）杯子、（Table）桌子、（planet）行星、（Fork）叉子、（Lamp）台灯、（Chair）椅子、（Radio）收音机、（Poker）纸牌、（Castle）城堡、（Money Tree）摇钱树。你可以想象自己坐在餐桌旁的椅子上，拿着一杯橘子汁，另一只手拿着叉子吃鸡蛋，同时，自己是在这个行星上学习准备考试，但是由于收音机太吵了，你起身关上了收音机，并打开了台灯。不知什么时候，突然注意到昨晚玩的纸牌没收起来。这个引起你的联想，如果你想在天空中建造自己的城堡，从长期来看，学习要比赌博更像一棵摇钱树。联合记忆的短期技术有很多种，比如，通过分组、分对儿或者相关的物品字母进行联合，是抽象的还是现实的，真实的还是虚构的。研究证实，当运用联合技术进行记忆的时候，效果有明显的提高。

115 数字连数字

仔细观察下面的数字，并记住它们。

59	64	3	2	81	70
2	19	80	37	6	45
40	5	12	69	37	8
18	7	56	40	2	39
67	38	49	1	50	2
3	20	7	58	49	16

116 军团菌病

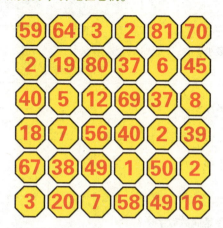

仔细阅读下面这篇文章，记住其中的数字。

自2002年以来，法国每年发现1000例军团菌病，而在20世纪80年代，每年只有100多例。这个增长数值，与自1987年起，需要义务申报军团菌病并记录在登记簿上相关。

117 数字表格 I

请记住下面的这些数字，下一页你应再次认出它们。

63	27	19	92	80	78
46	51	11	34	29	47
82	24	30	9	56	25
38	26	65	73	16	58

115 上页的数字你还记得吗？请回答下面的问题。

1. 上页一共有多少个数字？

2. 最大的数字是多少？

3. 最小的数字是多少？

4. 哪些数字重复出现了？

5. 是奇数数字多还是偶数数字多？

6. 左上角的数字是什么？

7. 右下角的数字是什么？

116 现在，请重新填上缺失的数字。

自______年以来，法国每年发现______例军团菌病病例，而在______世纪______年代，只有______多例。这个增长数值，与自______年起，需要义务申报军团菌病并记录在登记簿上相关。

117 这里我们替换了 4 个数字，请圈出来。

63	57	19	92	80	78
46	51	11	24	29	47
82	45	30	9	56	25
38	26	65	73	18	58

118 数字九宫格 I

请用 2 分钟记住这些带有不同背景颜色的数字。

2	7	5
8	1	3
6	4	9

119 找数字

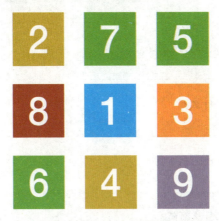

请记住下面的这 5 个四位数，在下页你要重新找到它们。

76374

6467

3574

7765

6757

118 请回答下面的问题。

1. 数字 3 的背景颜色是什么？

2. 有几个数字在绿色的方格中？

3. 最中间的数字是什么？

4. 哪些数字在黄色的方格中？

5. 数字 9 的背景是什么颜色？

6. 九宫格中共有几种颜色？分别是什么颜色？

119 上页的 5 个数字被隐藏了起来。你可以水平、垂直或对角线方向找到它们，找到后将它们圈出来。

7	5	6	7	4	7	7	4	7	7	5	7	6	7
4	5	7	3	7	4	6	7	5	6	7	4	7	5
7	6	7	5	7	7	4	7	2	6	4	7	6	7
6	3	6	4	5	2	5	6	5	6	5	6	4	5
7	5	7	4	7	6	6	7	1	5	6	6	5	7
6	2	6	4	6	7	4	6	8	4	6	6	3	6
4	7	6	6	3	7	6	7	3	7	3	5	3	7
6	7	5	7	7	5	6	5	7	7	7	6	7	5
5	7	2	5	4	7	7	7	3	5	7	3	6	7
6	7	5	7	6	5	6	4	6	7	6	7	6	7

120 数字正方形

请用 2 分钟时间记住下面正方形表格中的数字。

9	5	1	6	8
1	3	5	4	8
5	7	2	3	4
8	2	7	6	2
5	6	4	2	9

121 大写的数字 I

每次记住一个数词然后翻页。

1. 七万五千六百九十二
2. 十三万零四百二十四
3. 八十三万五千二百六十九
4. 九十六万五千一百二十八
5. 一亿三千五百四十六万零七百一十五
6. 八亿七千九百零四万七千三百五十八
7. 二十三亿五千零一万三千六百二十七

122 彩色的数字 I

请在 2 分钟内记住这些数字顺序。

5	11	8	2
12	9	1	4
6	3	7	10

120 在下面的空缺处填上正确的数字。

	5	1	6	8
1	3		4	
5		2	3	4
8	2	7		2
5	6		2	9

121 请用阿拉伯数字写出上页所代表的数字。

1. ______

2. ______

3. ______

4. ______

5. ______

6. ______

7. ______

122 请回答下面的问题。

1. 红色偶数数字的总和是多少?

答案：______

2. 所有灰色背景的奇数数字之和是多少?

答案：______

3. 请算出不是黑色数字的总和。

答案：______

4. 所有绿色数字和白色数字的总和是多少?

答案：______

123 数字球

请用 2 分钟时间记住下面的数字。

91　55　82　37　46　64　19　26

124 方框中的数字

请用 2 分钟时间记住下面的数字。

459689	84512	146982	45821
91642	1586320	3501852	58472
260140	755146	95202825	841272

125 等差级数

下面的两列数字以一定的规律排列着，请记住它们。

20	28	40	56

8	26	56	100	160	238

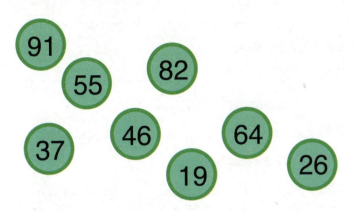

123 上页的数字都记住了吗？请回答下面的问题。

1. 最大的数字是多少？

答案：

2. 最小的数字是多少？

答案：

3. 上页一个有多少个数字球？

答案：

4. 那些数字球是什么颜色？

答案：

5. 所有的数字的和是多少？

答案：

6. 哪两组数字的和相加都是 110？

答案：

7. 哪两个数字相加的和为 90？

答案：

124 请填入缺失的数字。

459689		146982	
91642	1586320		58472
	755146	95202825	

125 请问两列数字接下来各是什么数字？

第一列：______

第二列：______

（答案见附录）

126 六阶魔方

认真观察下面的六阶魔方，并花点时间将其记住。

28		3		35	
	18		24		1
7		12		22	
	13		19		29
5		15		25	
	33		6		9

127 数字表格Ⅱ

请记住下面的这些数字，下一页你应再次认出它们。

58	17	39	76	48	65
33	23	18	38	15	50
80	44	8	36	27	75
18	46	86	70	26	45

128 大写的数字Ⅱ

每次记住一个数词然后翻页。

1. 三万二千六百四十一
2. 二十万零八百九十六
3. 六十四万一千二百八十八
4. 九十二万三千五百一十九
5. 二亿一千八百七十二万零四百三十二
6. 七亿四千六百零八万四千二百五十七
7. 四十六亿八千一百四十万五千八百六十四

126 上页的六阶魔方你记住了吗？请填入缺失的数字。

28		3		35	
			24		1
7		12			
	13		19		29
5				25	
	33		6		

127 这里我们替换了 4 个数字，请圈出来。

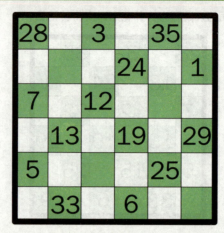

58	17	21	76	48	65
43	23	18	38	15	50
80	44	8	36	27	75
18	51	86	70	56	45

128 请用阿拉伯数字写出上页所代表的数字。

1. ……

2. ……

3. ……

4. ……

5. ……

6. ……

7. ……

129 密码

我们的生活中有各种各样的密码，有时你不得不记住它们。下面就做个练习吧，看看你的记忆力如何。

工资卡密码	498521
信用卡密码	372485
股票交易密码	168965
网购登录密码	189185315
手机卡服务密码	625180

130 正方形中的数字

仔细观察下面的正方形，并记住中间空白正方形周围的那些数字。

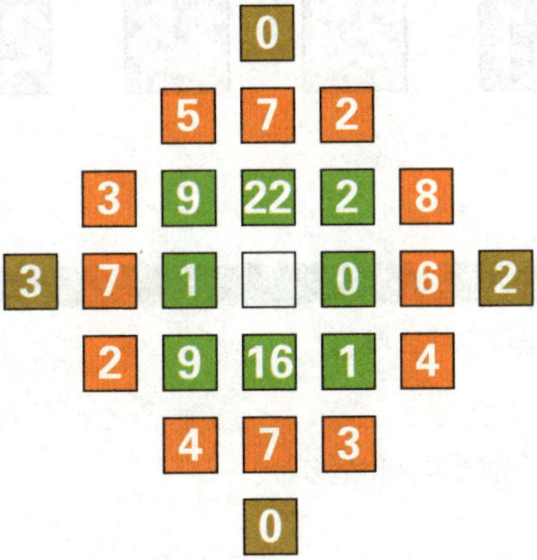

131 四列数字

请准确记住下面的这些彩色数字及背景颜色。

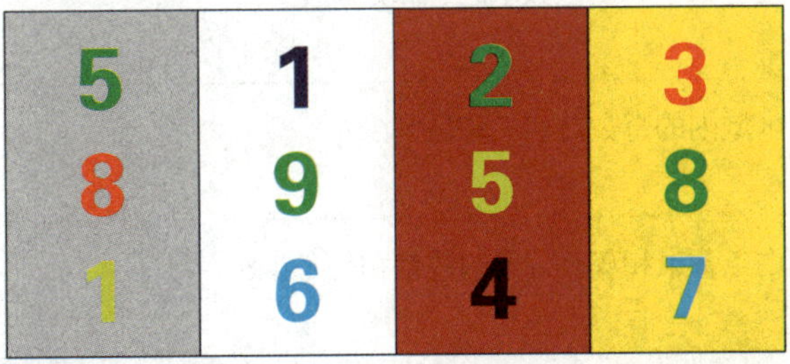

129 你准确记住那些密码了吗？请在下面写出各自所对应的密码。

网购登录密码 ________
手机卡服务密码 ________
信用卡密码 ________
工资卡密码 ________
股票交易密码 ________

130 动动脑筋，下面的一排数字中，哪一个可以填在中间空白的正方形里？

13	15	17	19
21	23	25	27

（答案见附录）

131 请回答下面的问题。

1. 大部分数字呈现出什么颜色？

答案：

2. 所有红色背景的数字之和是多少？

答案：

3. 哪一列的数字的总和最大？

答案：

4. 所有红色数字和黑色数字的总和是多少？

答案：

5. 整个区域内的奇数数字之和是多少？

答案：

6. 所有白色背景和灰色背景的数字和是多少？

答案：

132 数字和词组 I

请记住每组数字及其相对应的概念。

13 ＝桌子

25 ＝气球

87 ＝水杯

15 ＝书

62 ＝大脑

40 ＝绿植

36 ＝阳光

57 ＝冰激凌

93 ＝巴黎

49 ＝运动鞋

133 混乱的数字

请记住下面的数字和符号的位置。

	35	16	94	
79		87		35
8	32	62	71	
45	30	50	18	42

134 彩色的数字 II

请在 2 分钟内记住这些数字顺序。

3	9	11	5
1	10	8	6
7	3	2	10

132 判断下面两个词语代表的数字大小，在小方格中填入 < 或 >。

气球	□	巴黎
桌子	□	运动鞋
大脑	□	巴黎
阳光	□	气球
冰激凌	□	绿植
大脑	□	水杯
书	□	气球
巴黎	□	冰激凌

133 这里替换了三个数字和一个符号，请找出来。

134 请回答下面的问题。

1. 所有黄色背景的奇数数字之和是多少？

答案：……………………

2. 红色偶数数字的总和是多少？

答案：……………………

3. 请算出不是蓝色数字的总和。

答案：……………………

4. 所有白色数字和黑色数字的总和是多少？

答案：……………………

5. 所有灰色背景和紫红色背景的数字之和是多少？

答案：……………………

135 贝壳

请记住下面的 6 张图及其旁边的数字。

 = 5

 = 9

 = 2

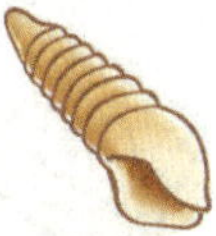 = 4

 = 3

 = 7

136 梯形数字

用 2 分钟时间记住下面的数字。

9			
3	4		
1	5	16	
6	14	7	23

135 请将下面的图片替换成上页代表的数字，并解答这些计算题。

 −  ×  = ________

 +  ×  = ________

 +  ÷  = ________

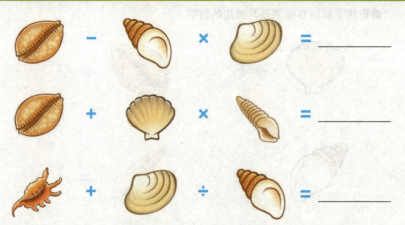

136 上页的梯形数字你还有印象吗？请回答下面的问题。

1. 上页的梯形数字共有几级？

答案：……………………

2. 梯级的第一级（最下面）有几个数字？

答案：……………………

3. 梯形中最大的数字是多少？

答案：……………………

4. 梯形中最小的数字是多少？

答案：……………………

5. 梯形中的两位数分别是多少？

答案：……………………

6. 梯形中第二级的数字之和是多少？

答案：……………………

7. 梯形中所有数字的和是多少？

答案：……………………

8. 梯形中的数字 9 处在什么位置？

答案：……………………

137 花朵

请记住下面的 6 张图及其旁边的数字。

138 大写的数字 Ⅲ

每次记住一个数词然后翻页。

1. 四万七千一百二十八
2. 六十万零九百三十七
3. 二十八万三千九百五十六
4. 七十四万一千二百八十四
5. 一千二百六十三万零九百三十一
6. 九亿五千一百零四万二千九百四十六
7. 五十七亿二千六百二十万四千一百二十九

139 计算符号

请记住计算符号所等同的标记。

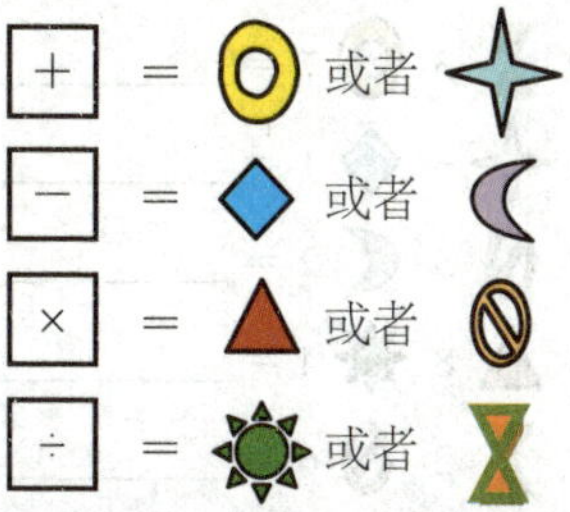

137 请将下面的图片替换成上页代表的数字，并解答这些计算题。

138 请用阿拉伯数字写出上页所代表的数字。

1. ……………………

2. ……………………

3. ……………………

4. ……………………

5. ……………………

6. ……………………

7. ……………………

139 本题将运算符号用图形代替了，请回想这些图形锁代表的运算方法（加减乘除），然后算出答案。

140 一列数字

请用 2 分钟时间记住下面的一列数字。

7 3 5 6 4 3 2 6 3 3 1 8 3 7 4 1

141 数字和词组 II

请记住每组数字及其相对应的概念。

28 ＝书架
41 ＝汽车
90 ＝打印机
32 ＝电脑
13 ＝纸
55 ＝果汁
76 ＝手指
30 ＝瑜伽
49 ＝马尔代夫
64 ＝长衫

142 记数字

请记住下面的 8 个数字。

4578	9542
14167	12581
40218	641087
754482	298547

140 请回答下面的问题。

1. 那列数字一共有多少个数？

2. 那列数字相加是多少？

3. 那列数字中出现次数最多的是几？

4. 其中最大的数字是多少？

5. 其中最小的数字是多少？

6. 其中一共有多少个奇数？

141 判断下面两个词语代表的数字大小，在小方格中填入 <或>。

长衫	□	打印机
果汁	□	瑜伽
手指	□	马尔代夫
电脑	□	汽车
瑜伽	□	书架
汽车	□	手指
书架	□	打印机
手指	□	纸

142 请写出上页的 8 个数字。

143 数字九宫格 Ⅱ

请用 2 分钟记住这些带有不同背景颜色的数字。

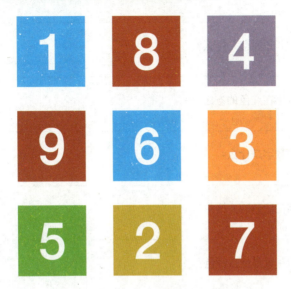

1	8	4
9	6	3
5	2	7

144 网格里的数字

请用 3 分钟时间记住下面的数字。

5	2	1	3	2	0
4	4	7	7	0	2
8	8	9	9	2	1
8	0	9	0	4	8
4	9	0	0	4	1
9	0	9	0	4	1

143 请回答下面的问题。

1. 左下角的数字是什么？

2. 数字 8 的背景颜色是什么？

3. 有几个数字在红色的方格中？

4. 最中间的数字是什么？

5. 哪些数字在蓝色的方格中？

6. 数字 5 的背景是什么颜色？

144 上页的数字你还记得吗？请回答下面的问题。

1. 网格中出现次数最多的数字是什么？

2. 最大的数字是多少？

3. 最小的数字是多少？

4. 是奇数多还是偶数多？

5. 左上角的数字是什么背景颜色？

6. 左下角的数字是多少？

145 数字 H

请花 2 分钟时间记住每个 H 中的数字。

A

B

C

D

146 等级数字

试着将下面的数字记住。

1.1618

2.48950

3.325847

4.5487511

5.24936810

6.177632492

7.4107863901

8.57420619885

9.175873185241

10.1879601077587

145 上页的 4 个 H 你还有印象吗？请回答下面的问题。

1.A 图中哪个数字出现了两次？

....

2. 从 1 到 9 的数字中，C 图中缺什么数字？

....

3. 上页的四个图中的数字相加，哪个图的和最小？是多少？

....

4.B 图中是奇数多还是偶数多？

....

5.D 图中最中间的数字是多少？

....

8. 哪个图中没有数字 4？

....

146 请填写上页的那些数字。

1. ....

2. ....

3. ....

4. ....

5. ....

6. ....

7. ....

8. ....

9. ....

10. ....

147 数字表格Ⅲ

请记住下面的这些数字，下一页你应再次认出它们。

39	75	40	28	47	49
66	8	32	18	35	51
28	9	17	34	70	23
65	11	50	55	84	29

148 字母正方形

仔细观察下面的字母正方形，并尽量记住。

R	T	Y	U	O
S	D	F	G	H
K	L	Z	X	C
B	Q	M	W	A
E	N	P	J	V

149 含有 Br 的事物

仔细观察下面的图片，并试图记住细节。

147 这里我们替换了 4 个数字，请圈出来。

39	75	40	28	34	49
24	8	32	18	35	51
28	9	17	15	70	23
65	11	50	55	91	29

148 请填出缺失的字母。

R	T		U	O
	D	F	G	H
K	L	Z		C
B	Q		W	A
E		P	J	

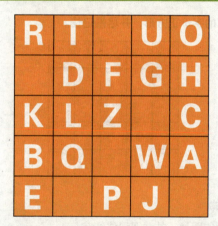

149 上页那个恐怖的场景里包含 17 个事物，它们的英文单词开头两个字母都是 BR。比如，这两兄弟是 brothers。你能找出其他 16 个吗？

（答案见附录）

150 平分秋色

仔细观察下面的图片，并试图记住其中的事物及其细节。

151 再次落空

仔细观察下面的图片，并试图记住其中的事物及其细节。

150 在这幅场景里有 3 样东西分别跟这些数字的单词押韵：two，four，six，eight，ten。你能把它们都找出来吗？

（答案见附录）

151 有一个人偷走了昨晚宴会的剩饭，你得通过检查画面回答以下侦探的所有问题（用一个英文单词作答），然后在字母格子里找出你的答案。一旦你把所有的答案都在字母格里圈出来，那么从左至右阅读没被圈出的字母，你就知道侦探是如何解开谜底的了。

B U T R H R E M M A H E P A
A I M E N S H A R K T L S V
S E R B O W L I N G A E W I
K A S O R B C D A D S U G O
E V I T C E T E D S H T S L
T K S C R A L E A E D O D I
H A A O A R R L I N C O L N
C F O R K D G N A K D E G D
RINTS
ndex
1. 小偷留在空盘子里的是什么？
2. 日历上显示的是几月份？
3. 谁是唯一坐着的人？
4. 靠书架放的是什么物体？
5. 沙发上面留有一件什么衣物？
6. 半身雕像是谁？
7. 邮递员带进来的有包装的物品是什么？
8. 奖杯上的小人展示的是什么运动？
9. 这间房子里住着什么宠物？
10. 花插在哪种容器中？
11. 木匠在进入房间时掉了什么东西在地板上？
12. 墙上有哪种动物的装饰？
13. 女仆腿上打着什么？
14. 艺术家的肖像画一个重要特点是什么？
15. 过道里什么东西靠墙放着？
16. 园丁的手里面拿着什么？
17. 邮递员、艺术家、木匠脸上都戴有什么？
18. 哪个人在地上留下了泥印？

（答案见附录）

152 集会

仔细观察下面的图片，并试图记住其中的事物及其细节。

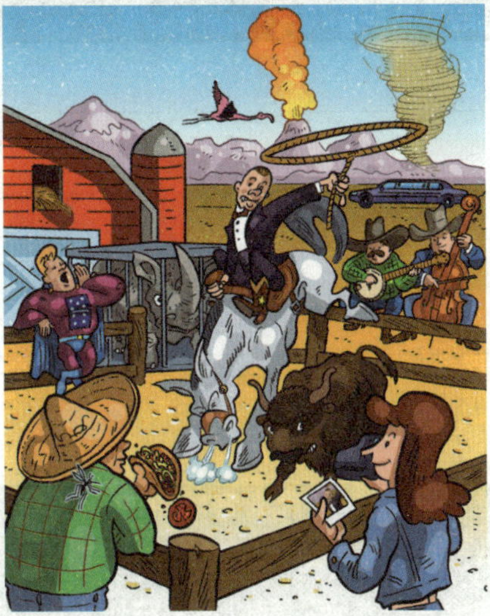

153 按音阶来

仔细观察下面的图片，并试图记住其中的事物及其细节。

152 朋友们，欢迎来到牧场马戏团，这里几乎所有事物最末一个字母都是“O”。你可以从 rodeo（竞技表演）开始，你能找出其他 15 个以“O”结尾的事物吗？

....

....

....

....

（答案见附录）

153 上页的 7 幅图每一幅分别代表音阶中的一个音符：DO，RE，MI，FA，SO，LA，TI。哪幅图代表哪个音符呢？仔细观察，你会发现每一幅图都包含三样东西，都以该音符作为单词开头。比如，图 6 中包含一只狗（dog）和其他两个以 DO 开头的单词。你能把其他单词找出来并填入右边的横线上吗？

Picture ____
DO__________
DO__________
DO__________

Picture ____
RE__________
RE__________
RE__________

Picture ____
MI__________
MI__________
MI__________

Picture ____
FA__________
FA__________
FA__________

Picture ____
SO__________
SO__________
SO__________

Picture ____
LA__________
LA__________
LA__________

Picture ____
TI __________
TI __________
TI __________

（答案见附录）

154 Tic Tac 秀

仔细观察下面的图片，并试图记住其中的事物及其细节。

155 神韵之图

仔细观察下面的图片，并记住图中的细节。

156 奇怪的球

仔细观察下面的图片，并试图记住其中的事物。

154 这个场景里有四种东西跟“tic”押韵，四种跟“tac”押韵，还有四种跟“toe”押韵。你能把它们全部找出来吗？

TIC	TIC	TIC
________	________	________
________	________	________
________	________	________
________	________	________

（答案见附录）

155 上页的那张图片中有包含 6 组相互押韵的单词。比如说，如果你发现了 boulder（巨石），你也许会找到另外两个单词 shoulder（肩膀）和 folder（文件夹）。这些押韵的单词都有两个音节。你能把这 6 组词都找出来吗？

（答案见附录）

156 你得有准备才能完成这道题目，因为图中的每一个物体都代表一个以“ball”结尾的单词或者短语。比如，一罐漆代表单词 PAINTBALL。你能找出多少呢？

1. ________ 2. ________ 3. ________
4. ________ 5. ________ 6. ________
7. ________ 8. ________ 9. ________

（答案见附录）

157 湿透了

这些词被放入水中扭曲变形了，你能靠想象把它们擦干吗？

158 板子游戏

仔细观察下面的 7 个冲浪板，并记住每块冲浪板上的图案。

159 跟 ABC 一样简单

仔细观察下面的图片，并记住图片所描述的事情。

1

2

3

4

5

6

157 上页的 8 个单词都能加在 water 的后面组成一个新单词或词组，如 waterproof，你能拼出每个词吗？

1. ____________ 2. ____________ 3. ____________

4. ____________ 5. ____________ 6. ____________

7. ____________ 8. ____________

（答案见附录）

158 这些冲浪板上面所画图案的英文名称都能放在“board”前面组成一个新单词，比如，画有超市收银员（supermarket checker）的冲浪板就能拼出“CHECKBOARD”。你能拼出多少个这样的词？

1. ____________ 2. ____________ 3. ____________

4. ____________ 5. ____________ 6. ____________

7. ____________

（答案见附录）

159 上页的场景全都能用分别以 A B C 开头的三个单词所组成的一个短语来描述，比如 Aardvarks Burning Candles（食蚁兽点蜡烛）。你能把这 6 个场景都描述出来吗？

1 A______ B______ C______

2 A______ B______ C______

3 A______ B______ C______

4 A______ B______ C______

5 A______ B______ C______

6 A______ B______ C______

（答案见附录）

160 OK 了吗

仔细观察下面的图片，并记住图中的细节。

161 各国风情

仔细观察下面的图片，并记住图中所呈现的物品。

160 上页图中的12种物品可以用首字母为O和K的两个单词来表示。比如，图中央的那条船，可以称为Oily Kayak（泛油光的小船）。现在，请你把剩下的11个词组找出来，OK？

1. ______________________
2. ______________________
3. ______________________
4. ______________________
5. ______________________
6. ______________________
7. ______________________
8. ______________________
9. ______________________
10. ______________________
11. ______________________

（答案见附录）

161 你知道那些纪念品来自哪个国家吗？想一想，填在下面的标签上。第一行写国家的名称，第二行是纪念品的名称。第一个标签已经填好了。

（答案见附录）

162 美味世界

仔细观察下面的图片，并记住图中的细节。

①

②

③

④

⑤

⑥

⑦

⑧

163 车水马龙

仔细观察下面的图片，并记住它们。

①

②

③

④

⑤

⑥

⑦

⑧

162 上页的 8 幅图片中都有一件物品是食物做成的，同时，物品和构成它的食物二者的英文单词是押韵的。比如说，意大利面做成的可爱小狗可以叫作“noodle（面条）poodle（狮子狗）”。你能将这样的单词都找出来吗？

1. ______________________
2. ______________________
3. ______________________
4. ______________________
5. ______________________
6. ______________________
7. ______________________
8. ______________________

（答案见附录）

163 上页的 8 张图片展示了 8 种坐着不同乘客的交通工具。这些交通工具和乘客的英文单词互相押韵。比如，一只脚趾间有蹼的鸟开着一辆 18 个车轮的大车，可以说成 duck truck，你能把它们都想出来吗？

1. ______________________
2. ______________________
3. ______________________
4. ______________________
5. ______________________
6. ______________________
7. ______________________
8. ______________________

（答案见附录）

树木字谜

砍去左边是树，砍去右边是树，砍去中间是树；只有不砍不是树。

（打一字）

答案：彬。

164 截然相反

仔细观察下面的图片，看图的时候可别忘了逆向思维。

165 无处不在

仔细观察下面的场景，并注意细节。

164 上页的每一张图片都可以用两个单词来命名，而两个单词之间字母相同、排序相反。比如，某一张图片上画着一堆杂物，最上面是一只壶，那么我们就可以说“top pot”。横线提示你单词里的字母数量。试试看，你能写出来几个？

1. ________
2. ________
3. ________
4. ________
5. ________
6. ________
7. ________
8. ________

（答案见附录）

165 这个像大家庭一样热闹的片场里隐藏着 13 个可以用 P 和 G 为首字母的短语来表示的事物。比如，左上角的男士正在猛击“pizza gong（披萨饼做的锣）”。你能把其他 12 个找出来吗？

1. ________
2. ________
3. ________
4. ________
5. ________
6. ________
7. ________
8. ________
9. ________
10. ________
11. ________
12. ________

（答案见附录）

166 五光十色

快来参加我们的节日庆典吧！

167 古怪的职业

图中的每个人都同时做着两份工作来维持生计。比如，那张图片里面的男士，是 Preacher（传教士）也是 Teacher（教师）。仔细观察其余的图片，并记住它们。

1

2

3

4

5

6

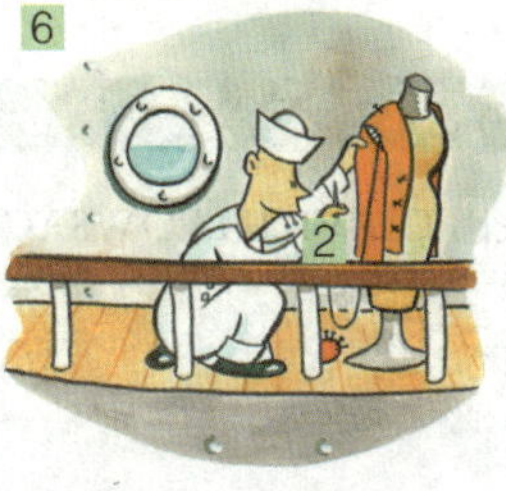

7

166 上页的图中列出了22个英文单词中包含颜色的事物。比如，树上的那只鸟儿名字叫“BLUE JAY（冠蓝鸦）。如果你能把它们都找出来，你就大获全胜了！

1. ________ 2. ________
3. ________ 4. ________
5. ________ 6. ________
7. ________ 8. ________
9. ________ 10. ________
11. ________ 12. ________
13. ________ 14. ________
15. ________ 16. ________
17. ________ 18. ________
19. ________ 20. ________
21. ________ 22. ________

（答案见附录）

167 上页的图片你还记得吗？凑巧的是，两份工作的英文单词互相押韵。你能把他们的职业都找出来吗？

1. ________
2. ________
3. ________
4. ________
5. ________
6. ________
7. ________

（答案见附录）

找字母

请用最快的速度按顺序找出 CUWIFJFLPOWSACBJAMEO。

M	X	Q	D	W	R	I	O	A	L	K	J	U
T	H	G	E	P	F	Z	Y	C	V	B	N	S

第五章

准确记忆事实

要想准确记忆事实，可运用概括记忆法。概括记忆法就是通过对记忆材料精心提炼、概括和简化，来抓住材料的重点进行记忆的方法。概括记忆对提高记忆效率有重大的作用，大多适用于记忆内容较多、较系统和复杂的材料以及社会科学知识。

记忆材料是多种多样的，很多记忆材料不但内容多，而且内容复杂，并且有很多无意义的内容掺杂在我们需要记忆的内容之中。这样的材料，我们没有必要全部记住，但是又不知道到底该记忆哪些部分，因此会对我们的记忆活动造成很大的困难。这种情况下，我们就必须要找到记忆材料的核心部分，抓住材料的重点和主要内容，集中精力进行记忆，这样才能够更好地记忆复杂的材料。

概括记忆法要求人们具有非常强的思维能力和概括能力，只有这样才能对记忆材料进行充分地分析、思考和研究，才能提炼出记忆材料中的核心和精华部分。因此，运用概括记忆法，必须先锻炼自己的思维能力和把握材料的能力。人们必须要通过思考和分析找到材料的关键部分和大概意思，不能把注意力集中在一些不需要记忆的细枝末节上。要让自己的思维具有选择性和跳跃性，选准关键点去思考和记忆。还要根据不同的材料选择不同的概括方法，让材料在保存核心思想的基础上得到最大程度的减少，以减轻记忆负担。概括的方法主要有内容概括、主题概括、按顺序概括等。内容概括主要是抓住记忆材料的关键性词句和主要情节；主题概括主要是抓住记忆材料的主题和要领；按顺序概括是指突出材料的顺序性，或者是用容易回想起来的数字概括材料，比如三个代表等。很多时候，集中概括方法需要结合在一起进行使用才能更好地概括整个记忆材料，这需要人们根据实际情况进行最佳的选择和组合。

168 年轮

请仔细阅读下面的短文，并记住细节。

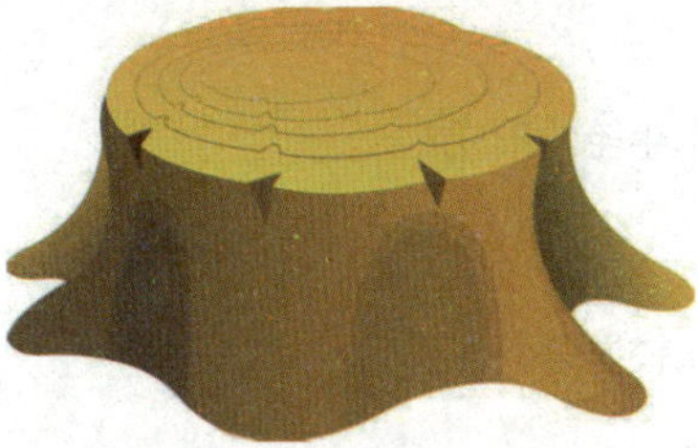

年轮虽然能够清楚地记下树木的寿命，但不是所有的树木都能够用“数年轮”的方法来确定年龄的。为什么呢？主要是气候的因素。热带地区由于气候季节性的变化不明显，形成层所产生的细胞也就不存在太大的差异，年轮往往不明显，只有温带地区的树木，年轮才较显著。因此，要想推算热带地区树木的年龄，当然也就比较困难了。

169 夏威夷群岛

请仔细阅读下面的短文，并记住细节。

夏威夷群岛共有 100 多个小岛，其中有 8 个是大岛。夏威夷群岛中最大的岛是夏威夷岛，它由 5 个小火山岛组成岛上的冒纳罗亚火山与基拉韦厄火山紧紧地连在一起，使它们看起来一个像在山腰，一个像在山顶。冒纳罗亚火山海拔 4170 米，这使它成为了世界海岛火山中最高的活火山。基拉韦厄火山是座活火山，经常喷发。它的火山口很大，直径达 4024 米，深 130 多米。

168 请回答下面的问题。

1. 所有树木的年轮都很明显吗？

2. 什么因素决定树木年轮的形成？

3. 什么地区的年轮比较显著？

4. 什么地区的年轮往往不明显？

5. 哪个地区由于气候季节性的变化不明显？

169 请回答下面的问题。

1. 夏威夷群岛共有多少个小岛？

2. 其中有几个是大岛？

3. 什么火山和什么火山连接在一起？

4. 什么火山的海拔为 4170 米？

5. 哪座火山经常喷发？

6. 火山口的直径是多少米？

170 牙齿

请仔细阅读下面的短文，并记住细节。

牙齿用于切断、撕裂和磨碎进入口腔中的食物。牙根嵌入上下颌骨的牙槽内，牙齿最外层的牙釉质是人体内最坚硬的物质。婴儿出生时没有牙齿，到2岁左右长齐乳牙，共20个。6岁左右，乳牙自然脱落，长出恒牙，共32个。

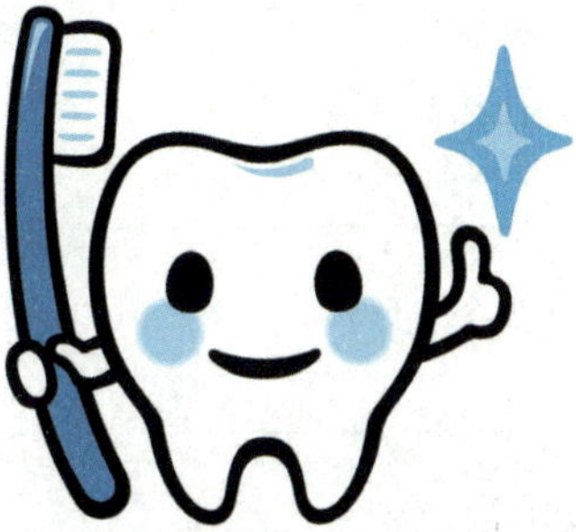

171 拉尼娜现象

请仔细阅读下面的短文，并记住细节。

拉尼娜现象是与厄尔尼诺相反的现象，即赤道中东太平洋海面温度异常降低的现象。太平洋上空的大气环流叫作沃克环流，当沃克环流变弱时，海水吹不到西部，太平洋东部海水变暖，就是厄尔尼诺现象；但当沃克环流变得异常强烈，就产生拉尼娜现象。一般拉尼娜现象会随着厄尔尼诺现象而来，出现厄尔尼诺现象的第二年，都会出现拉尼娜现象，有时拉尼娜现象会持续两三年。1988 ~ 1989年，1998 ~ 2001年都发生了强烈的拉尼娜现象。从近50年的监测资料看，厄尔尼诺出现频率多于拉尼娜，强度也大于拉尼娜。拉尼娜常发生于厄尔尼诺之后，但也不是每次都这样。厄尔尼诺与拉尼娜相互转变需要大约四年的时间。

170 请回答下面的问题。

1. 牙齿的作用是什么？

2. 牙根嵌入的部位叫什么？

3. 人体内最坚硬的物质是什么？

4. 小孩 2 岁左右会长齐多少个乳牙？

5. 乳牙脱落后长出的牙齿叫什么？

6. 乳牙脱落后长出的牙齿有多少个？

171 请回答下面的问题。

1. 与拉尼娜现象相反的现象是什么？

2. 什么叫作沃克环流？

3. 哪两个阶段都发生了强烈的拉尼娜现象？

4. 拉尼娜与其相反的现象互相转换约需要几年的时间？

5. 文中提到的监测资料是近多少年的？

172 地球的转动

请仔细阅读下面的短文，并记住细节。

地球自转一周的时间是 24 小时，极地地区的转动几乎为零，赤道的转动时速可达 1600 千米。地球绕太阳公转一周叫作 1 年，1 年长 365 日 5 时 48 分 46 秒。而公历 1 年长 365 日，比地球公转周期短 0.242 日，故每 4 年增加 1 日，把这 1 日加在这一年 2 月的最后一天，这一年有 366 日，称为闰年。

173 自然奇景

请仔细阅读下面的短文，并记住细节。

海市蜃楼只是一种自然现象，它可分为上观蜃景、下观蜃景、侧观蜃景和多变蜃景等多种。其中，上观蜃景大都发生在海面上、江面上。夏天，海上的上层空气在阳光的强烈照射下，空气密度变小，而贴近海面的空气受较冷的海水影响密度较大，出现下层空气凉而密、上层空气暖而稀的差异。虽然岛屿等奇景位于地平线下，但它们反射出来的光线会在从密度大的气层射向密度小的气层时发生全反射，又折回到下层密度大的空气层中。上层密度小的空气层会使远处的物体形象经过折射后投到人们的眼中，而人的视觉总是感到物象是来自直线方向的，从而出现海市蜃楼的奇景。

172 请回答下面的问题。

1. 地球自转一周是多长时间？

2. 赤道的转动时速可达多少？

3 极地地区的转动快吗？

4. 闰年有多少天？

5.1 年长多少日多少时多少分多少秒？

6. 地球绕什么公转一周叫作 1 年？

173 请回答下面的问题。

1. 上页介绍的自然奇景是什么？

2. 自然奇景常发生在什么季节？

3. 什么景观大都发生在海面上、江面上？

4. 岛屿等奇景是位于地平线上吗？

5. 最终的物体形象是经过反射后投到人们眼中的吗？

174 消化系统

请仔细阅读下面的短文，并记住细节。

人体的消化系统主要分为两部分。从口腔到肛门的消化道是一条很长的中空管道，它的内壁上大部分有皱襞，最窄的部位是食管，最宽的部位是胃；消化器官、消化腺和其他组织构成消化系统的第二部分，它们在消化过程中起着不可或缺的作用。具体而言，消化系统的第二部分就是口腔、肝脏、胰脏和胆囊所分泌的消化液。

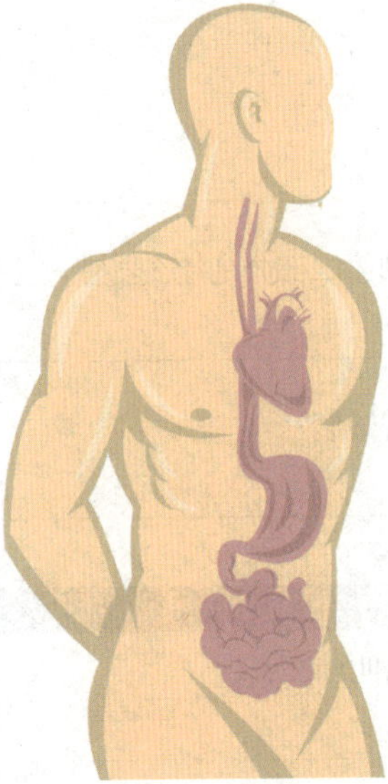

175 树突和轴突

请仔细阅读下面的短文，并记住细节。

神经元突起是神经元胞体的延伸部分，由于形态结构和功能的不同，可分为树突和轴突两种。树突是从胞体发出的一至多个突起，呈放射状，具有接受刺激并将冲动传入细胞体的功能。轴突较树突细，粗细均一，表面光滑，分支较少。轴突的主要功能是将神经冲动由胞体传至其他神经元。

174 请回答下面的问题。

1. 人体的消化系统主要分为几个部分？

2. 消化道是怎样的一条管道？

3. 消化系统最窄的部位是什么？

4. 消化系统最宽的部位是什么？

5. 具体来说，消化系统的第二部分是什么器官分泌的消化液？

6. 消化系统的什么地方有皱襞？

175 请回答下面的问题。

1. 神经元胞体的延伸部分叫什么？

2. 粗细均一、表面光滑的是什么？

3. 树突是呈放射状的吗？

4. 什么物质的主要功能是将神经冲动由胞体传至其他神经元？

给“日”加上一笔就能得出另一个字，你能想出几个？

176 企鹅

请仔细阅读下面的短文，并记住细节。

由于冬季冰川一望无垠，海面就变得很遥远，因此觅食非常困难。于是，皇企鹅待在巢内的新陈代谢速度就减缓，漫长的禁食期也势在必行——雄企鹅可达 115 天，雌企鹅为 64 天。皇企鹅庞大的体型令它们可以贮存充足的后备脂肪，来应对这段食物短缺期。不过，皇企鹅最重要的适应性表现为“集群”。它们尽可能地不活动，一大群一大群地聚在一起，多的可达 5000 只皇企鹅挤在一起，密度达到每平方米 10 只。如此一来，无论是成鸟抑或雏鸟，个体的热量散失都可以减少 25% ~ 50%。

177 GPS 系统

请仔细阅读下面的短文，并记住细节。

全球定位系统的英文名字是“Global Position System”，简称 GPS 系统。该系统是以卫星为基础的无线电导航定位系统，它能测出地球上任意一点的精确坐标，包括精确的时间、经度、纬度和误差在 1 米之内的速度定位，GPS 系统代替了古老的指南针，被人们赞誉为“电子指南针”。

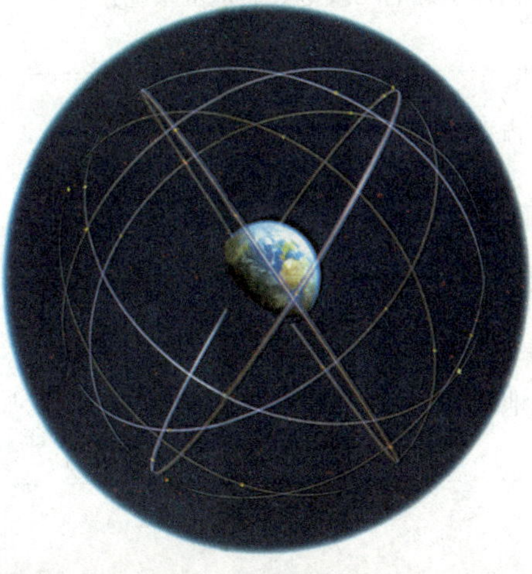

176 请回答下面的问题。

1. 冬季，皇企鹅待在巢内的新陈代谢速度会减缓吗？

2. 在禁食期，雄企鹅可达多少天？

3. 在禁食期，雌企鹅可达多少天？

4. 皇企鹅最重要的适应性表现为什么？

5. 皇企鹅挤在一起，密度可达每平方米多少只？

177 请回答下面的问题。

1.GPS 系统的全称是什么？

2.GPS 的英文写法是？

3.GPS 系统是以什么为基础的无线电导航定位系统？

4.GPS 系统代替了古老的什么工具？

5. 人们对 GPS 系统的赞誉是什么？

6.GPS 系统能测出地球上任意一点的精确坐标吗？

178 热气球

请仔细阅读下面的短文，并记住细节。

热气球主要由球囊、吊篮和加热装置组成。球囊很大，采用极轻的材料制成。由于热空气的质量和密度要小于冷空气，加热装置产生的热空气进入球囊后，使球囊不断上升，带动与之相连的加热装置、吊篮及吊篮中的乘客也向上升。当球囊中的空气渐渐变凉，热气球也会慢慢下沉。为使热气球的高度不变，气球驾驶员必须不断点燃加热装置，以保持球囊中空气的温度。

179 世界上第一个将被淹没的国家

请仔细阅读下面的短文，并记住细节。

图瓦卢，位于南太平洋，由9个环形珊瑚岛群组成，其中8个岛有人居住，“图瓦卢”在波利尼西亚语中意为“八岛之群”。国土面积约为26平方千米，是仅次于瑙鲁的世界第二小岛国，还是世界人口第三少的国家（人口数量仅多于梵蒂冈和瑙鲁）。图瓦卢的垂直高度不超过海平面5米。由于地势极低，温室效应加剧造成的海平面上升使图瓦卢的居民从2002年起将被迫举国搬迁，有关研究认为，图瓦卢将在50年内被淹没。

178 请回答下面的问题。

1. 热气球都有什么装置组成？

2. 热空气的质量和密度比冷空气大吗？

3. 什么情况下热气球会慢慢下沉？

4. 为使热气球的高度不变，气球驾驶员要怎么做？

179 请回答下面的问题。

1. 世界上第一个将被淹没的国家是？

2. 该国所有的岛屿都有人居住吗？

3. 该国是世界上最小的岛国吗？

4. 该国的人口数量也比较少，人口数量仅多于哪两个国家？

5. 该国的地势较低，垂直高度不超过海平面多少米？

6. 该国的居民从哪一年起被迫举国搬迁？

7. 该国将在多少年内被淹没？

180 刹车系统

请仔细阅读下面的短文，并记住细节。

要想停住一辆正快速行驶的汽车，必须有足够强大的刹车系统。当司机踩下刹车踏板后，制动液经细细的管道冲进各车轮上的钢瓶，液体的强压力将车轮上一种特殊的垫子——制动垫压向制动圆盘，这一过程中产生的摩擦力迫使车轮转速降低，最终停止转动。许多汽车内都配置了ABS（防抱死制动系统），它通过电脑瞬间自动控制刹车过程，从而有效预防通常刹车造成的车轮被锁及刹车中断。

181 人类的睡眠

请仔细阅读下面的短文，并记住细节。

人类和其他哺乳动物一样，都有两种睡眠。一种是快速眼动睡眠（夜间做梦时眼球快速而细微地移动。又称眼球速动期），双眼在闭合的眼睑后快速运动，在这段时间人们会做梦，大脑活动最为频繁。另一种睡眠中没有快速眼动，人们夜间的睡眠大部分是这一种，其间也规律性地穿插着短期快速眼动睡眠。在睡眠的不同阶段，脑电波的模式不同，人体内生理过程和肌肉活动也发生相应变化。

目前，我们尚未完全了解睡眠的原因，不过人们普遍认为，睡眠期间活动较少，人体可以得到休息，恢复精力。婴儿和青少年睡眠时间较长，因为这都是身体发育最快的时期。病人的睡眠时间也比较长，人体的修复系统在此期间与疾病作斗争，从而使身体恢复到健康状态。

180 请回答下面的问题。

1. 刹车系统的作用是什么？

2. 制动液会经细细的管道冲进各车轮上的什么装置？

3. 那种特殊的垫子是什么？

4. 防抱死制动系统可简写为什么？

5. 防抱死制动系统有什么作用？

181 请回答下面的问题。

1. 人类的睡眠有几种模式？

2. 什么是快速眼动睡眠？

3. 快速眼动睡眠又被称为什么？

4. 人们夜间的睡眠大部分是什么睡眠模式？

5. 什么人的睡眠时间较长？

6. 眠期间活动量的多少与人体精力的恢复有关系吗？

182 第一位进入太空的女性

请仔细阅读下面的短文，并记住细节。

1937 年 3 月 6 日，捷列什科娃出生在苏联雅罗斯拉夫尔州图塔耶夫区马斯连尼科瓦村的一个工人家庭。1959 年，22 岁的捷列什科娃第一次在雅罗斯拉夫尔航空俱乐部接触到最终改变其一生命运的活动：跳伞运动。1960 年，她从纺织技术专科学校（函授）毕业，获纺织工艺师称号。1962 年，她加入苏共，并在宇宙航行学校接受宇航员培训，期间获少尉军衔。1963 年 6 月 16 日，她驾驶宇宙飞船“东方 6 号”升空，做围绕地球 48 圈的飞行，成为人类第一位进入太空的女性。1963 年 6 月 16 日至 19 日，捷列什科娃驾驶“东方 6 号”宇宙飞船在太空遨游 70 小时 50 分钟。迄今为止，她仍是世界上唯一一位在太空单独飞行 3 天的女性。

183 昆虫蜇伤

请仔细阅读下面的短文，并记住细节。

人们被黄蜂、蜜蜂或大黄蜂蜇伤时常常会感到疼痛，被蜇伤的部位也会变得红肿。这种蜇伤本身不会产生危险，但是它有可能导致过敏性休克，其后果非常严重。如果一个人被蜇伤了好几下，他的喉咙和呼吸道有可能会肿胀起来，这种状况必须尽快得到治疗。其他动物蜇伤，例如某些蝎子蜇伤人后可能会导致严重的后果。因为这些动物体内的毒素毒性很强，人在被它们蜇伤后需要接受治疗。

182 请回答下面的问题。

1. 第一位进入太空的女性叫什么名字？

2. 她是哪国人？

3. 她第一次在雅罗斯拉夫尔航空俱乐部接触到的是什么活动？

4. 她最早是做什么工作的？

5. 她于哪一年进入太空的？

6. 她驾驶的宇宙飞船在太空遨游了多长时间？

183 请回答下面的问题。

1. 人们通常会被什么昆虫蜇伤？

2. 蜇伤时的感觉是什么？

3. 被蜇伤的部位会有什么变化？

4. 被昆虫蜇伤可能会导致什么情况发生？

5. 文中提到什么昆虫的毒素毒性很强？

184 神经系统

请仔细阅读下面的短文，并记住细节。

神经系统由周边神经系统和中枢神经系统两部分组成，神经网络遍布全身的各个部分（皮肤、肌肉、关节等），包括所有的器官、腺体和血管。神经系统将外界的信号（视觉的、听觉的等）传递给大脑，使人体以运动的方式反馈回应。例如，大脑将听觉信息解码后，回应的动作才能被组织起来。并不像我们想象的那样，大脑是中枢神经系统的唯一构成物。

185 植物界的“活化石”

请仔细阅读下面的短文，并记住细节。

银杏，别名白果、鸭脚树、公孙树、蒲扇。银杏生长较慢，寿命极长，自然条件下从栽种到结银杏果要20多年，40年后才能大量结果。银杏最早出现于3.45亿年前的石炭纪，是现存种子植物中最古老的孑遗植物。银杏曾广泛分布于北半球的欧、亚、美洲，至50万年前，在欧洲、北美和亚洲绝大部分地区灭绝，只有中国的“保存”下来。和它同纲的所有其他植物皆已灭绝，故其号称植物界的“活化石”。银杏树具有极佳的欣赏价值、经济价值、药用价值。

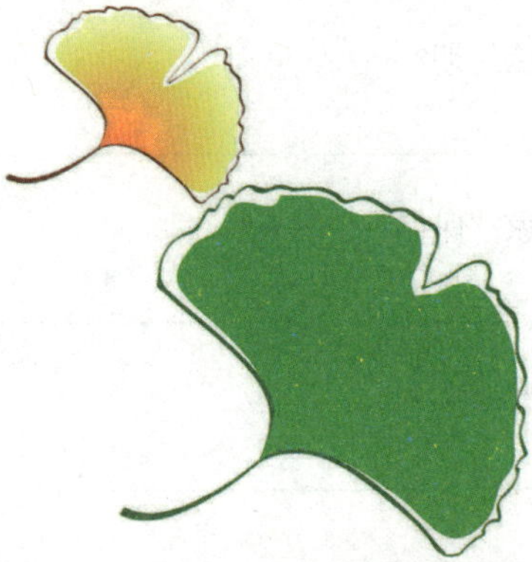

184 请回答下面的问题。

1. 神经系统由哪两个部分组成？

2. 神经网络能遍布于人体的关节中吗？

3. 神经系统将外界的信号传递给了谁？

4. 人体以什么方式回应？

5. 大脑是神经系统的唯一构成物吗？

185 请回答下面的问题。

1. 银杏被称为什么？

2. 银杏的别名是什么？

3. 银杏在种植多少年后才能大量结果？

4. 银杏最早出现在什么时期？

5. 最终银杏在哪个国家“保存”了下来？

6. 银杏都有什么价值？

186 避雷针

请仔细阅读下面的短文，并记住细节。

避雷针实际上是一个金属杆，由导线接地，可以将雨云上的闪电导至地下，以免发生触电危险。大多数高层建筑物上都安装有避雷针。雷电天气，云层下部的负电荷吸引大地上的正电荷，正电荷向上升至云层，抵消云层下部的一部分负电荷，这样就有可能阻止发生雷击，而一旦发生雷击，电流也可以通过避雷针和导线进入大地，而不致造成损害。

187 安徒生童话

请仔细阅读下面的短文，并记住细节。

汉斯·克里斯蒂安·安徒生（1805 年 4 月 2 日 – 1875 年 8 月 4 日），丹麦著名的作家和诗人，其创作的童话被称为“安徒生童话”。他最著名的童话故事有《海的女儿》、《卖火柴的小女孩》、《丑小鸭》、《小锡兵》、《冰雪女王》、《拇指姑娘》、《小杜克》等。安徒生的童话故事世界闻名，其作品已经被译为 150 多种语言出版发行。他的童话故事还激发了大量电影、芭蕾舞剧、舞台剧以及电影动画的制作。

186 请回答下面的问题。

1. 避雷针实际上是什么材质的杆？

2. 避雷针的作用是什么？

3. 雷电天气时，云层下部的是正电荷吗？

4. 一旦发生雷击，电流可以通过避雷针和什么进入大地？

5. 正负电荷是如何抵消的？

187 请回答下面的问题。

1. 安徒生是哪个国家的？

2. 安徒生的生卒年是什么？

3. 安徒生著名的童话故事都有什么？

4. 安徒生童话被译为多少种语言出版发行？

5. 安徒生童话还对什么领域产生了影响？

考考你

1. 色子 2 点正对的是几点？

2. 我国的能效标识最多分几级？

188 葡萄干

请仔细阅读下面的短文，并记住细节。

葡萄干又名草龙珠、蒲桃，为各种葡萄的果实。在日光下晒干的葡萄干容易发酸，质量最好的是阴干。我国新疆吐鲁番的无核葡萄制成的葡萄干最有名，由于吐鲁番气候炎热而干燥，用砖搭成的阴干房四面墙上有许多墙洞，中间是木棍搭成的支架，将成熟的无核葡萄搭上，经过热风的吹拂，会得到高质量的葡萄干。葡萄干中的含铁量和含钙量都十分丰富，是体弱者、贫血患者的滋补佳品；葡萄干含有多种矿物质、维生素和氨基酸，经常食用对神经衰弱和过度疲劳者有较好的补益作用。

189 无声枪

请仔细阅读下面的短文，并记住细节。

无声枪通常被称作微声枪，因为它在射击时并非完全无声，而是声音微弱，在寂静的环境中，一般也不会引起附近其他人的注意。微声枪通常是用装在普通枪管上的消音器来起到消音作用的。微声枪有微光、微烟等特点，是突击、侦察、反恐怖分队不可缺少的特种武器。

188 请回答下面的问题。

1. 葡萄干又名什么?

2. 葡萄干是阴干好还是晒干好?

3. 我国什么地方的葡萄干最好?

4. 葡萄干的哪些元素含量丰富?

5. 葡萄干适合神经衰弱患者食用吗?

6. 成熟和未成熟的葡萄都可以制成葡萄干吗?

189 请回答下面的问题。

1. 无声枪真的没有声音吗?

2. 无声枪通常被称作什么?

3. 无声枪通过什么装置起到消音作用的?

4. 无声枪有什么特点?

5. 无声枪通常应用于哪些领域?

190 树叶变色

请仔细阅读下面的短文，并记住细节。

秋天叶子急剧变色的原因是相当复杂的。从根本上来说，叶子为树提供了生存和成长的养料。春天当叶子伸展开不久，新的嫩叶就开始通过光合作用来制造养分，这是一个利用阳光的能量将植物从泥土和空气中所吸收的原料结合起来的复杂过程。在秋天光照逐渐减少，树木就会停止制造养分。因为光合作用结束了，叶绿素也不再需要了，于是叶子就把它破坏了。由于绿色开始消退，那些被绿色遮掩住的黄色和橘红色色素就开始显现。亮红色的显现需要明亮的光照和凉爽的晚间气温。在每年的霜冻初期，叶子的颜色更接近于褐色。

真实的谎言

有一次，马克·吐温与一位夫人对坐聊天。马克·吐温对这位夫人说："你真漂亮。"夫人高傲地回答："可惜我实在无法同样地称赞你。"对于夫人的傲慢无礼，马克·吐温毫不介意地笑笑说："没关系，________________________。"马克·吐温用一句话就委婉地否定了自己刚才的话。你知道他是怎么说的吗？

答案：夫人，只要像我一样说假话就行了。

190 请回答下面的问题。

1. 树叶为什么会变色？

2. 秋天叶子急剧变色的原因复杂吗？

3. 新的嫩叶通过什么作用来制造养分？

4. 到了秋天，树木为什么会停止制造养分？

5. 叶子呈现亮红色需要什么条件？

长联句读

请你给下面一副长联加上标点：

五百里滇池奔来眼底披襟岸帻喜茫茫空阔无边看东骧神骏西翥灵仪北走蜿蜒南翔缟素高人韵士何妨选胜登临趁蟹屿螺洲梳裹就风鬟雾鬓更苹天苇地点缀些翠羽丹霞莫辜负四围香稻万顷晴沙九夏芙蓉三春杨柳

数千年往事注到心头把酒凌虚叹滚滚英雄谁在想汉习楼船唐标铁柱宋挥玉斧元跨革囊伟烈丰功费尽移山心力尽珠帘画栋卷不及暮雨朝云便断碣残碑都付于苍烟落照只赢得几许疏钟半江渔火两行秋雁一枕清霜

答案：

五百里滇池，奔来眼底，披襟岸帻，喜茫茫，空阔无边！看：东骧神骏，西翥灵仪，北走蜿蜒，南翔缟素，高人韵士，何妨选胜登临，趁蟹屿螺洲，梳裹就风鬟雾鬓，更苹天苇地，点缀些翠羽丹霞，莫辜负四围香稻，万顷晴沙，九夏芙蓉，三春杨柳。

数千年往事，注到心头，把酒凌虚，叹滚滚，英雄谁在！想：汉习楼船，唐标铁柱，宋挥玉斧，元跨革囊，伟烈丰功，费尽移山心力，尽珠帘画栋，卷不及暮雨朝云，便断碣残碑，都付于苍烟落照，只赢得几许疏钟，半江渔火，两行秋雁，一枕清霜。

第六章

牢记琐事

日常生活中 ，人们在记忆较多的信息时，为了有效地提高记忆效率和记忆效果，通常会对记忆材料进行重新组织和分类编组，这种方法叫作分类记忆法，也叫系统记忆法。

对信息的分类，是指按照信息的某些本质或非本质的特征，找到记忆材料之间的共同点，将记忆材料进行科学地排列和组合，从而把零碎和分散的信息集中在一起，把杂乱无章的信息变得有条理。经过分类的信息，会变得更加概括化、条理化和系统化，减轻大脑的负担，提高人们的记忆效率。

想要让记忆变得更有效率，就必须将输入到大脑中的信息进行分类和整理，并且构建成系统。外界输入到大脑中的信息，有很多是需要人们记忆的。但是，这些信息并不会按照人们喜好的方式进入到大脑中，也不会为了适应人们的记忆特点而有条理地进入到大脑中，而是所有信息结合在一起，没条理、没规律、杂乱无章地输入。处于这样一种状态下的信息，如果不进行任何处理就直接去记忆，可能会有一定效果，但是绝对不可能把信息全部记住，同时也很容易造成大脑疲劳，对记忆效果产生严重的影响。在这种情况下，必须对信息进行有效地加工编码，重新、系统地进行组织和分类，从而促进记忆，提高记忆效率。

191 买面包

小叶要去面包店买面包，清单如下。

5 个椰蓉面包

3 个肉松面包

2 个全麦面包

6 个奶酥面包

1 个金砖面包

4 个豆沙吐司面包

192 乐器

请记住下面表格中的乐器。

乐器					
弦乐器		管乐器		打击乐器	
拉弦乐器	拨弦乐器	木质	铜质	手击	棍击
小提琴	吉他	长笛	小号	康茄鼓	鼓
大提琴	竖琴	单簧管	萨克斯风	响板	定音鼓

193 备忘录 I

请记住下面的这些安排。

※ 2013 年 12 月 5 日：老同学来旅游，接站。

※ 2013 年 12 月 3 日：去医院做体检。

※ 2014 年 2 月 12 日：订出国的机票。

※ 2014 年 3 月 17 日：孩子生日，准备礼物。

※ 2014 年 5 月 15 日：汽车做保养。

※ 2014 年 5 月 30 日：参加公益活动。

※ 2014 年 8 月 10 日：准备老婆的生日礼物。

191 你记住了哪张清单没有？根据下列问题检查一下吧。

1. 清单上共有多少个面包？

2. 哪种面包要买 5 个？

3C. 你应该买几个肉松面包？

4. 哪两种面包的数量相加是 8 ？

5. 请将清单上的面包数量由少到多排序。

192 将你记住的乐器填在具体的位置。

乐器					
弦乐器		管乐器		打击乐器	
拉弦乐器	拨弦乐器	木质	铜质	手击	棍击

193 请根据下面的提示写出你看过的时间。

※ 2013 年 12 月 5 日：

※ 2013 年 12 月 3 日：

※ 2014 年 2 月 12 日：

※ 2014 年 3 月 17 日：

※ 2014 年 5 月 15 日：

※ 2014 年 5 月 30 日：

※ 2014 年 8 月 10 日：

194 日程表

这是非常繁忙的一天，请准确记住下面的约会安排单。

2014 年 10 月 15 日

☆ 8 点：取蛋糕。

☆ 9 点 20 分：见客户。

☆ 10 点 30 分：例会。

☆ 12 点 15 分：火车站接表哥。

☆ 14 点：办理户籍登记。

☆ 15 点 30 分：面试销售经理。

☆ 16 点 40 分：传真文件。

☆ 17 点 30 分：资料清理，碎纸。

☆ 18 点 30 分：聚会。

☆ 20 点 50 分：取洗衣店的衣服。

195 思道布的警报

阅读下面的短文，并准确记住其内容。

昨天，思道布警察局接到了来自镇中心 4 个商店的报警电话，警车立即赶到事发现场（还好，没有一个电话要求救护车）。分别是位于国王街的巴克纺织品店有盗窃案发生；位于萨克福路格雷格书店前有车祸发生；位于格林街的林可五金商店发生了水灾；位于牛顿街的帕夫特鞋店有火灾发生。

194 上页的日程表你记住了吗？下面给出了提示语，请写出正确的时间。

例会：__________

传真文件：__________

见客户：__________

面试销售经理：__________

聚会：__________

火车站接表哥：__________

办理户籍登记：__________

取洗衣店的衣服：__________

资料清理，碎纸：__________

取蛋糕：__________

195 请凭借记忆回答下面的问题。

1. 警察局叫什么名字？

2. 共有几个商店打了报警电话？

3. 火灾发生在什么地方？

4. 巴克纺织品店位于什么街道？

5. 其中的书店叫什么名字？

6. 林可五金商店里发生了什么？

7. 有打电话要救护车的吗？

196 面试

仔细阅读下面的这段文章。

10点整，一个年轻男子穿着特地买来的深灰色西服不安地来到接待台。10分钟后，人力资源经理让他进入办公室，并长时间地询问他在大学对原子物理学的学习。年轻男子详细地讲述了自己的论文主体，并特别强调了自己曾在一个富有经验的研究团队里从事的研究工作。接着，人力资源经理向他介绍了该企业主要专注于精密医学器材的研究，以及12个员工的具体分工。最后，还向他描述了如果他被雇用所需负责的工作。面试结束后，经理向他保证将在极短的时间内给他一个确切的答复。

197 衣物

维尼准备去商场买一些衣物，以下是他描绘的简图，请记住这些图片。

198 胜利者

仔细阅读下面的这段文章。

网球比赛仍在进行。从两个球员的脸上可以看出他们已经筋疲力尽了，观众也热切地等待这场比赛的结果。科阿特在做最后一次努力，他成功地得到了制胜的一分。因获得循环赛决赛的冠军，他感到放松而愉快，他自豪地举起球拍，然后在雷鸣般的掌声中把拍子扔在场地上，在地上打起滚来。

196 请回答下面的问题。

1. 应聘者的西服是什么颜色的？

2. 他在几点钟到的接待台？

3. 他在几分钟后被接待？

4. 他在大学学的是什么？

5. 该企业的专业领域是什么？

6. 该企业已经雇用了多少员工？

197 还记得维尼要去商场买什么衣物吗？请将这些物品的名称写下来。

1. ________	2. ________	3. ________
4. ________	5. ________	6. ________
7. ________	8. ________	9. ________

198 请回答下面的问题。

1. 两个运动员从事什么体育活动？

2. 从他们的面部可以看出什么？

3. 胜利者赢得了什么比赛？

4. 他在掌声中做出了什么举动？

199 画画

仔细阅读这段文章，然后把它盖住，继续做练习。

画家让一个年轻女子坐在深红色的天鹅绒沙发上，她身上的白色塔夫绸长裙随着她每一个优雅的动作而摆动。她鬈曲的头发落在薄薄的披肩上，披肩上几颗充满光泽的珍珠与那绺棕色的头发形成鲜明的对比。画家给她一本精致的小书，让她打开放在膝盖上。然后，画家开始在白色的大画布上勾勒她的轮廓。年轻的女子不敢动，生怕打断了画家的工作，我们几乎感觉不到她的呼吸。

200 菜单 I

4 个顾客点了美食准备享用，请记住他们各人点的美食。

迪伯特
橙汁、面包片、白奶酪
朱丽
热巧克力、羊角面包、蛋糕、柚子
瑟哈芬
茶、炒鸡蛋、水果酸奶
夏特洛
咖啡加牛奶、烤火腿、蜂窝饼、猕猴桃

199 请回答下面的问题。

1. 画家让年轻女子坐在什么地方?

____

2. 她的裙子是用什么材料做的?

____

3. 她披肩上有什么?

____

4. 画家让她拿着什么?

____

200 请列出他们的菜单。

迪伯特：______________________________

____

朱丽：______________________________

____

瑟哈芬：______________________________

____

夏特洛：______________________________

____

近义词

请写出下面词语的近义词。

腼腆：______ ______ ______

成功：______ ______ ______

舒心：______ ______ ______

201 菜单 II

柯罗艾和雨果点了美食准备享用，请记住两个人点的美食。

202 重要的历史日期

请用 2 分钟时间记住下列时间发生事情。

1170 年 托马斯・贝克特被谋杀
1215 年 签署《大宪章》
1415 年 阿金库尔战役
1455 年 玫瑰战争
1492 年 哥伦布发现北美洲
1642 年 英国内战爆发
1666 年 伦敦大火
1773 年 波士顿倾茶事件
1776 年《独立宣言》(美国)
1789 年 攻占巴士底狱
1805 年 特拉法加战役
1914 年 第一次世界大战爆发
1939 年 第二次世界大战爆发
1949 年 北大西洋公约组织成立
1956 年 苏伊士危机
1963 年 约翰・肯尼迪被暗杀
1969 年 人类首次登月

201 请列出他们的菜单。

柯罗艾：……

……

……

雨果：……

……

……

202 你的记忆力怎么样？请填入给出的时间所发生的事情。

1170 年 ______

1215 年 ______

1415 年 ______

1455 年 ______

1492 年 ______

1642 年 ______

1666 年 ______

1773 年 ______

1776 年 ______

1789 年 ______

1805 年 ______

1914 年 ______

1939 年 ______

1949 年 ______

1956 年 ______

1963 年 ______

1969 年 ______

203 古卷轴

阅读下面的短文，并准确记住其内容。

伦敦大都会博物馆在最近的展览中新展出了4个古卷轴。分别是雀瓦教授发现的用古巴比伦文记录的衣物清单；迪格博士发现的一个埃及语的账本；夏瓦博士发现的一本亚述语的日记；布卢斯教授发现的拉丁文的一封情书。

204 菜单Ⅲ

4个顾客点了美食准备享用，请记住他们各人点的美食。

203 请凭借记忆回答下面的问题。

1. 此次展览在哪里举行的？

2. 展览中新展出了什么东西？

3. 其中有一个衣物清单是用什么文字记录的？

4. 其中的那本账本是谁发现的？

5. 两位博士的名字分别叫什么？

6. 那本日记是什么语言记录的？

7. 那封情书是拉丁文的吗？

204 请列出他们的菜单。

贾斯汀：

贝尔纳：

克里斯蒂安：

雷亚：

205 缺失的“部件”

仔细观察下面的这些图片，并尽量找出它们都少了什么？

206 盗窃犯

仔细阅读这段文章，并努力记住。

年轻的盗窃犯由于内疚，决定向警察全盘托出。在调查人员长时间询问下，他详细地说出了自己是如何潜入银行家的住宅，然后撬开藏在一块大毯子后面的保险箱，毯子遮盖了一间小客厅的整一面墙。作为砖石工的他曾在这间客厅干过活，因此他对房间的布置了如指掌……

207 逛超市

请记住 3 个购买者的购物单。

205 上页的图片你还记得吗？请在下面的序号处写上缺失的“部件”。

1. ____________ 2. ____________

3. ____________ 4. ____________

5. ____________ 6. ____________

7. ____________ 8. ____________

206 请回答下面的问题。

1. 为什么年轻的盗窃犯决定全盘托出？

....

2. 谁询问了盗窃犯？

....

3. 盗窃犯潜入了谁的住宅？

....

4. 保险箱藏在什么地方？

....

5. 盗窃犯曾在房主的住所从事了什么职业活动？

....

207 你能够借助收银台的电脑小票将 3 个顾客所购买的物品重组出来吗？

超级市场
肥皂
小豌豆
洗发水
格鲁耶尔奶酪
香肠
牛奶
牙膏
摩丝
咖啡
酸奶
醋

约瑟安娜：..

....

卡赫拉：..

....

艾米琳娜：..

....

208 备忘录Ⅱ

请记住下面的这些安排。

※ 2013 年 11 月 3 日：探望好友小张。
※ 2013 年 12 月 7 日：家长会。
※ 2014 年 1 月 15 日：参加婚礼。
※ 2014 年 2 月 9 日：母亲生日，买礼物。
※ 2014 年 4 月 17 日：联系装修工。
※ 2014 年 6 月 10 日：参加读书公益活动。
※ 2014 年 7 月 28 日：申请休年假。

209 障碍物

请记住下面的这些词语。假设自己在室内散步，你得从这些障碍物旁绕过去。

→床→小桌子→冰箱→柜子
→沙发→衣柜→整理箱→梳妆台
→餐桌→椅子→鞋架
→凳子→电视柜

210 餐桌

请记住下面的内容。

5 个苹果	1 把水果刀	6 个杯子
1 个果盘	1 瓶红酒	2 瓶啤酒
3 个橘子	4 个香蕉	1 个哈密瓜
2 个梨	1 个汤匙	1 盘坚果

208 请根据下面的提示写出你看过的时间。

※ 参加婚礼。 _____年_____月_____日

※ 申请休年假。 _____年_____月_____日

※ 家长会。 _____年_____月_____日

※ 参加读书公益活动。 _____年_____月_____日

※ 母亲生日，买礼物。 _____年_____月_____日

※ 联系装修工。 _____年_____月_____日

※ 探望好友小张。 _____年_____月_____日

209 你的记忆力如何？请按照正确的顺序将上页的物品按顺序写出来。

210 你的记忆力如何？请根据上页的物品，画出一幅图。

211 儿童歌曲

请记住下列儿童歌曲中的片段。

1. 世上只有妈妈好，……，投进妈妈的怀抱
2. 小兔子乖乖，把门儿开开，……我要进来
3. 我有一只小毛驴，……。有一天我心血来潮骑着去赶集。
4. 请把我的歌带回你的家，……。请把我的歌带回你的家
5. 泥娃娃，泥娃娃，一个泥娃娃，……，眼睛不会眨
6. 妈妈总是对我说，爸爸妈妈最爱我，……，爱是什么

212 宠物店

汉克刚到宠物店上班，老板给他派了一些宠物让他照顾，并让他以最短的时间记住店中宠物的名字。你能很快记住它们吗？

波斯猫：爱奇丽
仓　鼠：夏利斯
鹦　鹉：伊娃
兔　子：柏斯
金　鱼：西亚里
　　狗：哈尼
乌　龟：米高卡

211 请把儿童歌曲中空缺的部分写在下面。

1. ……

2. ……

3. ……

4. ……

5. ……

6. ……

212 请回答下面的问题。

1. 乌龟叫什么名字？

……

2. 哪只动物叫爱奇丽？

……

3. 哪些动物在通常情况下要比兔子的体型小？

……

4. 那只仓鼠叫什么名字？

……

5. 伊娃是哪只动物的名字？

……

6. 兔子叫什么名字？

……

7. 西亚里是狗的名字吗？

……

213 去商场

米其斯家里来了几位客人，饭后她要去商场，走前问了大家有什么要帮着带的，大家都说了自己想要的东西，清单如下。你能记住吗？

妈妈：红色的大衣。

爸爸：黑色或是灰色的裤子。

奶奶：帽子。

弟弟：游泳圈。

表姐：两双袜子，白色或黄色。

姑妈：伞。

舅舅：手套，黑色或是咖啡色。

舅妈：围巾，橙色的。

214 宠物

下面是孩子们养的宠物，请记住它们。

苏珊	→	仓鼠
杰夫斯	→	小白兔
吉姆	→	乌龟
露西利亚	→	狗
丽塔妮	→	金鱼
安娜	→	波斯猫

213 请回答下面的问题。

1. 谁想要一件大衣？

2. 是奶奶想要一顶帽子吗？

3. 爸爸对裤子的颜色有要求吗？

4. 表姐想要几双袜子？

5. 弟弟想要什么？

6. 是舅舅想要伞吗？

7. 如果买手套，白色的行吗？

214 你的记忆力如何？请在下面的空缺处填入正确的答案。

露西利亚	→	______
______	→	金鱼
______	→	波斯猫
杰夫斯	→	______
吉姆	→	______
______	→	仓鼠

添字组字

在括号中填一字，使这个字与括号外面的字分别组成一个字：古（ ）巴。

答案：月。分别组成"胡"和"肥"字。

215 家具

托尼家的家具五颜六色的，你看一眼能记住吗？

沙发：黑色	衣架：紫色
床：米黄色	书架：黄色
餐桌：橙色	鞋架：蓝色
衣柜：白色	椅子：红色
床头柜：粉色	

216 歌曲

请记住下列歌曲中的片段。

1. 昨天所有的荣誉，已变成遥远的回忆。……，今夜重又走入风雨
2. 小背篓晃悠悠，……，头一回幽幽深山中
3. 是谁送你来到我身边，……，是那潺潺的山泉
4. 我有花一朵，种在我心中，……，朝朝与暮暮
5. 像一阵细雨洒落我心底，……，我不禁抬起头
6. 是谁带来远古的呼唤，……，难道说还有无言的歌

215 请回答下面的问题。

1. 书架是什么颜色的？

2. 什么家具是白色的？

3. 托尼家有绿色的家具吗？

4. 沙发是什么颜色的？

5. 什么家具是紫色的？

6. 椅子是什么颜色的？

7. 什么家具是粉色的？

8. 鞋架是什么颜色的？

216 请把歌曲中空缺的部分写在下面。

1.

2.

3.

4.

5.

6.

217 提前预订

米妮是餐厅的服务生，今天是假日，很多人都先打电话订了位置，列表如下。你能记住吗？

就餐时间	订位者	人数	要求
17:30	夏利克斯	5人	靠窗的位置
18:00	爱丽奇	2人	角落
19:00	普列库塔	6人	最好是圆桌
18:20	娜赫比	3人	离出口较近
18:40	斯丽思琪	6人	靠窗的位置
19:30	法贝尔	4人	灯光较亮的位置

成语加减

将下面的成语运用加减法使其完整。

A. 成语加法

( )龙戏珠+( )鸣惊人=( )令五申

( )敲碎打+( )来二去=( )事无成

( )生有幸+( )呼百应=( )海升平

( )步之才+( )举成名=( )面威风

B. 成语减法

( )全十美-( )发千钧=( )霄云外

( )方呼应-( )网打尽=( )零八落

( )亲不认-( )无所知=( )花八门

( )管齐下-( )孔之见=( )落千丈

217 请回答下面的问题。

1. 最早的订位时间是几点？

2. 谁订了靠窗的位置？

3. 谁希望是圆桌？

4. 18 点的就餐者是几个人？

5. 预订的灯光较亮的位置是几点就餐？

6. 有 18:30 的定位者吗？

7. 哪个订位者想离出口较近？

郑板桥劝学

有一天，郑板桥路过一座学堂，听到里面传来嘻嘻哈哈的声音，走过去一看，原来是一群调皮的学生正在课堂上打闹呢。“你们太不像话了，赶快好好读书吧！”郑板桥生气地说。有个学生看他穿着布衣草鞋，还以为是个老农民，就没理会，郑板桥见状说：“出一道谜题，猜不对，你们就好好读书！”他看到学堂旁边是厨房，里面有一样东西，就当场吟了一首咏物诗：“嘴尖肚大个不高，放在火上受煎熬。量小不能容万物，二三寸水起波涛。”学生们猜了半天，谁都猜不出来，只好老老实实地去读书了。郑板桥咏的是什么东西呢？

答案：水壶。

第七章

有效记忆有关联的事物

理解是记忆的基础，对各种信息和事物关联的深刻理解有助于记忆的提高。我们要想记住某些信息，就必须理解这些信息所具有的意义。没有被理解的信息，即使被储存到了记忆当中，也很难被回忆出来。

事实证明，我们对事物的理解越深刻，事物就越容易被记忆，保存的时间也越长。我们理解事物主要是理解事物的内部关系和规律，在理解的基础上进行分析和综合，并且与大脑中的其他经验、信息和资料建立一定的牢固联系，所以才不容易遗忘。

在记忆的过程中，我们该如何加强对记忆材料的理解呢?

第一，积极思考，了解概要。思考是大脑思维的重要活动，通过思考，人们才能对各种各样的信息加深理解。在大脑内部已经存在知识的基础上，通过积极的思考对记忆材料进行理解，能够让人们明白记忆材料所表达的大致意思。这样能让人们知道自己为什么要记忆某个材料，使人们拥有记忆的动力。

第二，逐步分析，找到记忆材料的关键。分析主要是为了找到记忆材料之间相互联系的部分，从而找到记忆材料的重点和主要内容。在理解记忆材料整体的基础上理解主要内容和重点，更有助于人们记忆。

第三，直观形象，融会贯通。把记忆材料变成直观的形象，更容易人们加深对记忆材料的理解和记忆。例如把记忆材料之间的关系用图表、实物、模型、图片等方式表现出来，能够让人们对记忆材料之间的联系一目了然，使人们对记忆材料的了解更全面。比如人们统计某件事情得到了很多数据，如果把这些数据凌乱地写在纸上，人们看过之后可能会很难理解，如果用图表的方式把数据罗列出来，人们就能一目了然，理解起来很方便也很轻松。

218 树形家谱图 Ⅰ

树形家谱图以简单的方式标出一个家族的亲属关系。竖线表示父母 - 子女关系；水平线表示兄弟姐妹关系；× 表示夫妻关系。观察并记住这个树形家谱图。

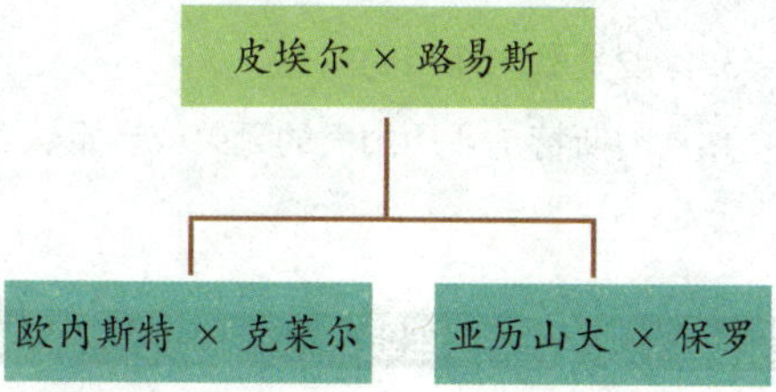

219 体育运动→诞生国家

记住下列体育运动及其诞生的国家。

手球	→	德国
滑雪	→	挪威
排球	→	美国
羽毛球	→	英国
冰球	→	加拿大

220 下一幅图

如图所示，各个图形是按一定顺序排列的，请记住它们。

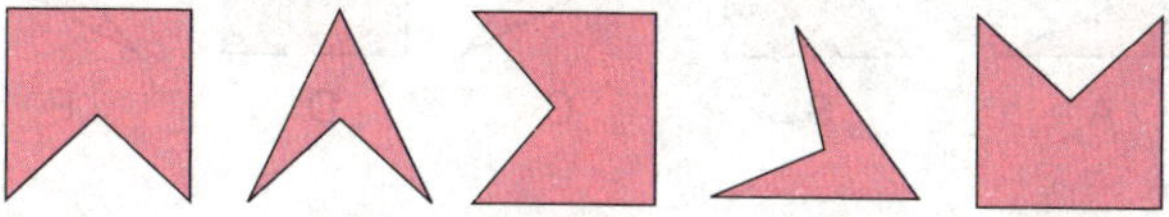

221 人物关系 Ⅰ

仔细阅读下面这段文字，尽可能了解其内容。

公元前 7 世纪，罗马城和阿尔瓦城陷入对峙。一场血腥的战斗将决定两个军营的命运：三个罗马人，贺瑞斯氏，将攻打三个阿尔瓦人，古里亚斯……在这场悲剧里，贺瑞斯与萨宾娜结婚了，她是一个阿尔瓦女人，古里亚斯的姐姐；而卡米拉，贺瑞斯的妹妹，是古里亚斯的未婚妻。

218 你是否能够判断下面这些说法的对错？

1. 皮埃尔和路易斯有 4 个孩子。
2. 克莱尔是保罗的妻子。
3. 保罗是欧内斯特的内兄。
4. 欧内斯特是亚历山大的兄弟或者姐妹。

219 将体育运动及其对应的国家连线。

排球	加拿大
羽毛球	美国
冰球	挪威
滑雪	德国
手球	英国

220 上页图的排列顺序你找到了吗？接下来的一幅图应该是 A，B，C，D，E 中的哪一个？

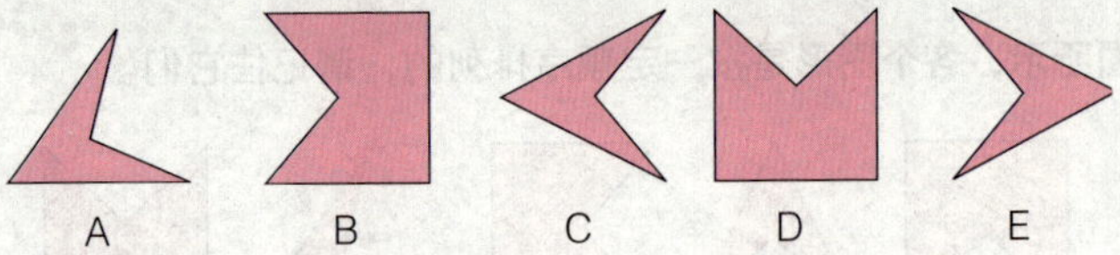

（答案见附录）

221 在你看来，以下哪些说法是正确的？

1. 萨宾娜是古里亚斯的妻子和贺瑞斯的姐姐。
2. 贺瑞斯是罗马人的英雄。
3. 卡米拉是贺瑞斯的未婚妻，也是古里亚斯的姐姐。
4. 古里亚斯是阿尔瓦人的英雄。

222 神→掌管领域

记住下列罗马神及其掌管的领域。

巴克斯 → 酒
维斯达 → 火
丘比特 → 爱情
马尔斯 → 战争
内普杜尼 → 海

223 归位

仔细观察下面的图，并找出其排列的顺序。

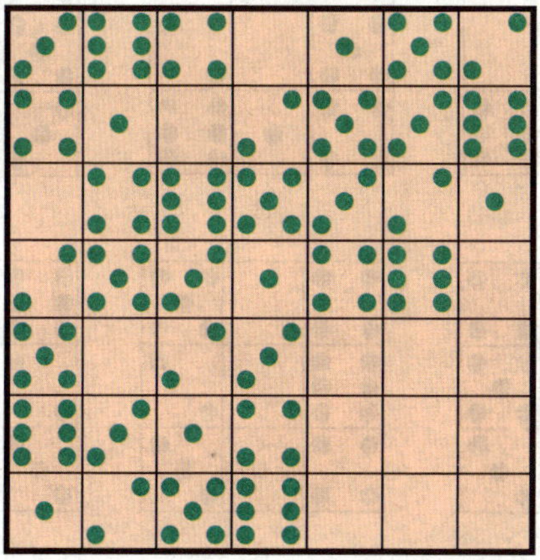

224 人物关系 Ⅱ

仔细阅读下面这段文字，尽可能了解其内容。

齐格弗里德喜欢克里姆希尔特和巩特尔。克里姆希尔特喜欢齐格弗里德，讨厌布伦希尔特。巩特尔喜欢布伦希尔特、克里姆希尔特和哈根。布伦希尔特讨厌齐格弗里德、巩特尔和克里姆希尔特。哈根讨厌齐格弗里特和所有喜欢齐格弗里特的人。布伦希尔特喜欢所有讨厌齐格弗里特的人。阿尔贝里希讨厌所有的人，除了他自己。

222 请将罗马神及其掌管的领域连线。

马尔斯	爱情
丘比特	海
维斯达	战争
内普杜尼	火
巴克斯	酒

223 上页的空白处 6 个选项中哪一个可以排列上去？

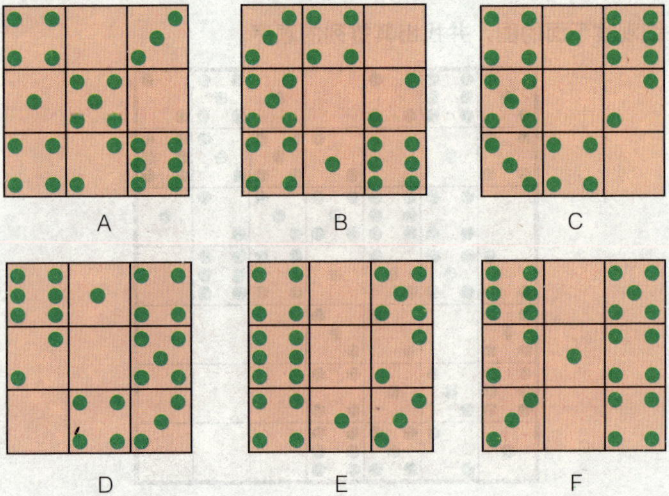

（答案见附录）

224 请回答下面的问题。

1. 谁喜欢齐格弗里德？

....

2. 谁喜欢布伦希尔特？

....

3. 谁喜欢阿尔贝里希？

....

225 一步一步做早餐

仔细观察下面的图片，并记住顺序。

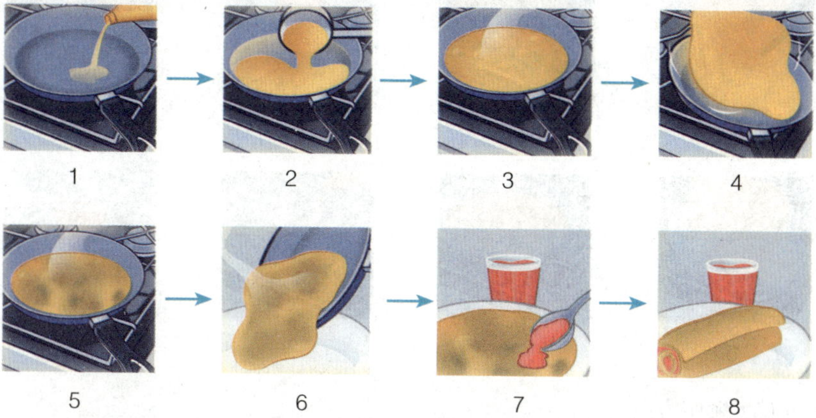

226 填补空白

仔细观察下面的图形，并试图找出其分布规律。

225 上页做早餐的步骤你还记得吗？请按照正确的顺序将其重新排列。

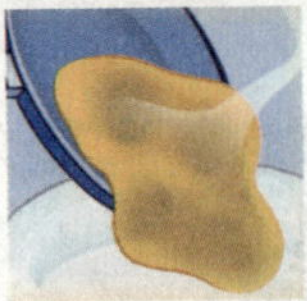
1

2

3

4

5

6

7

8

正确的顺序为：……………………………………

226 以下的 5 个选项哪一个可以放在上页的空白处？

A

B

C

D

E

（答案见附录）

227 折叠图形

仔细观察下面的展开图，并记住字母连接的顺序。

228 箭头的逻辑

仔细观察下面的 3 个图片，并记住它们。

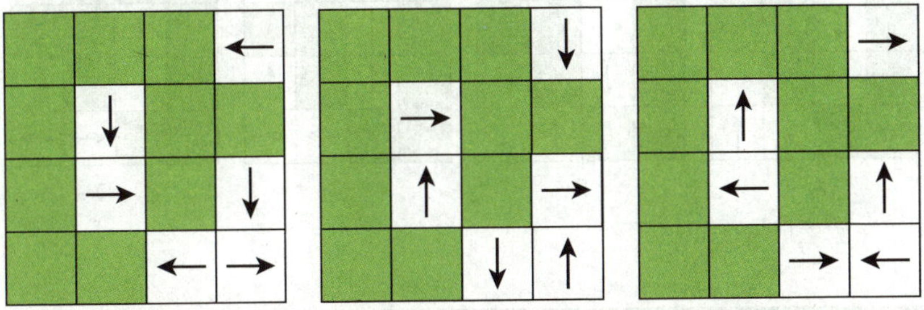

229 图形序列

仔细观察下面的 8 幅图，并记住其排列的顺序。

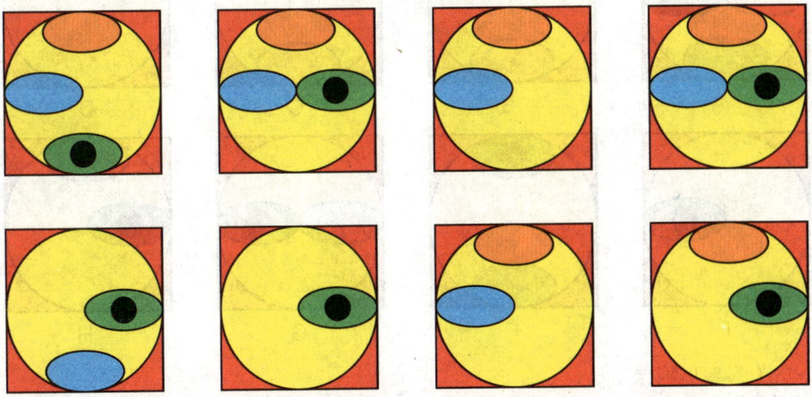

227 下面的 6 个选项，哪个的展开图是上页的正方体？

1　2　3

4　5　6

（答案见附录）

228 接下来将会是哪幅图？

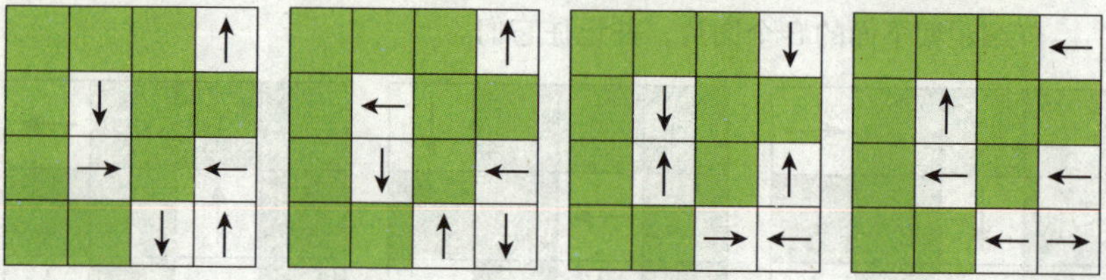

A　B　C　D

（答案见附录）

229 请问哪一个选项可以继续上页的那个序列？

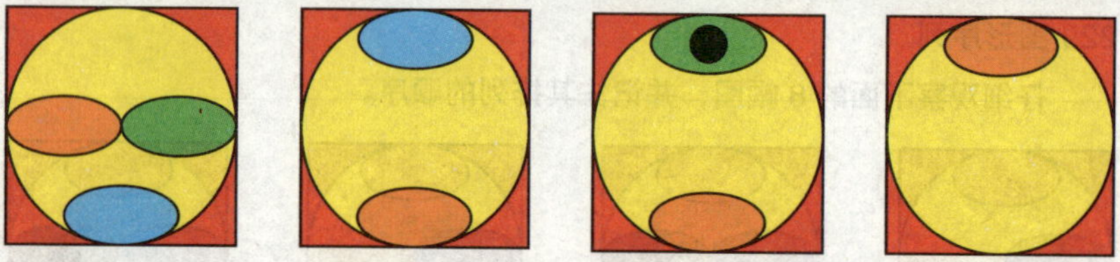

A　B　C　D

E　F　G　H

（答案见附录）

230 书籍

请记住下面的书名、作者及国籍。

《追忆似水年华》	普鲁斯特	法国
《双城记》	狄更斯	英国
《玩偶之家》	易卜生	挪威
《堂·吉诃德》	塞万提斯	西班牙
《百年孤独》	马尔克斯	哥伦比亚
《牛虻》	伏尼契	爱尔兰
《少年维特之烦恼》	歌德	德国
《十日谈》	薄伽丘	意大利

231 下一个图片

仔细观察下面的图案，并记住它们。

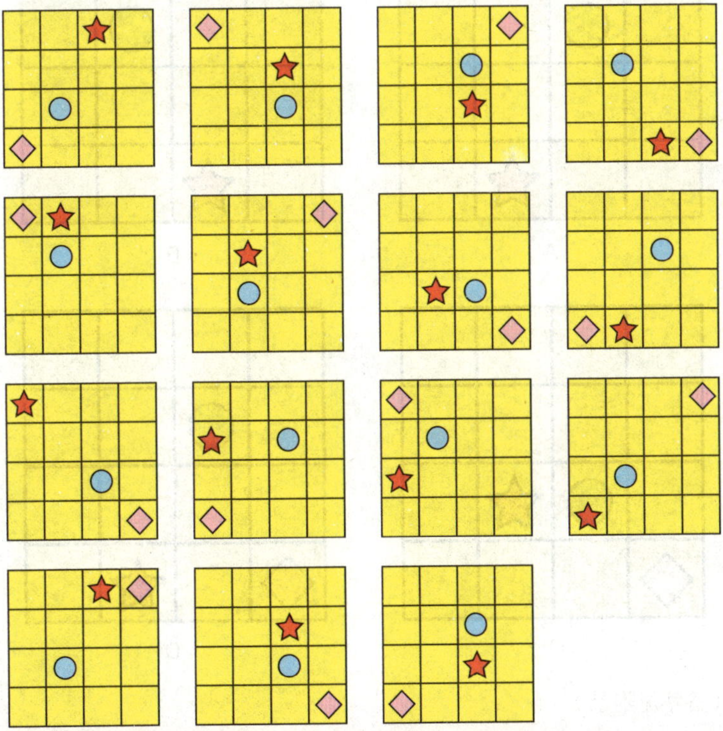

230 请填写下面的空缺。

________	歌德	________
《堂·吉诃德》	________	西班牙
________	狄更斯	________
《牛虻》	________	________
________	马尔克斯	________
《追忆似水年华》	________	法国
________	易卜生	________
《十日谈》	________	意大利

231 下面的 4 个选项中，哪一个可以完成上页的那组图片？

A

B

C

D

（答案见附录）

232 旋转的立方体 I

仔细地观察这个展开的立方体表面，记住图案及其位置。

233 选择箭头

仔细观察下面的图片，它们是按照一定的规律排列的，请记住它们。

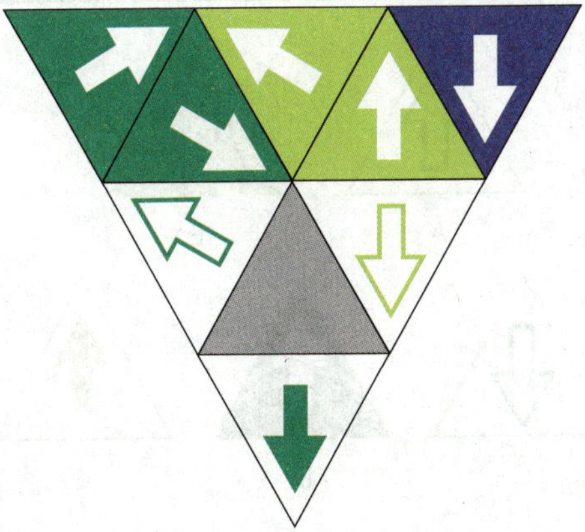

234 首都→国家

记住下列首都所对应的国家。

曼谷	→	泰国
奥斯陆	→	挪威
巴格达	→	伊拉克
渥太华	→	加拿大
巴西利亚	→	巴西
达喀尔	→	塞内加尔
布宜诺斯艾利斯	→	阿根廷

232 请把提供的元素重新放入展开的立方体表面。为了帮助你，两个元素已经被放置在其中了。注意，立方体被旋转了！

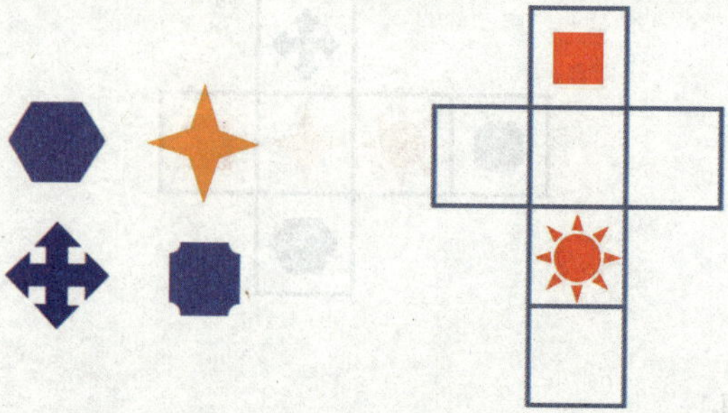

233 上页的图你还记得吗？图中空白处应该填入哪个箭头？

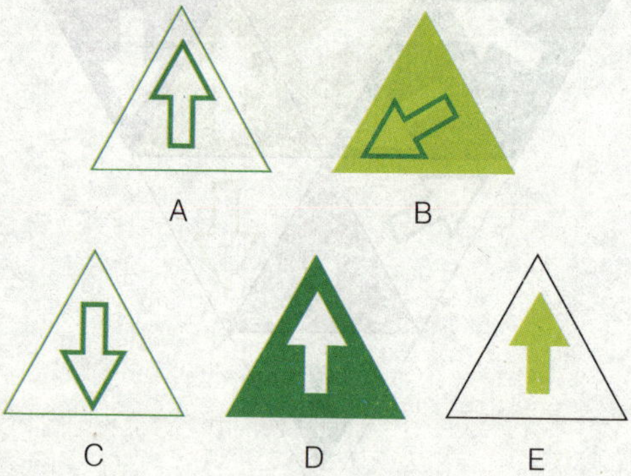

（答案见附录）

234 将国家及其对应的首都连线。

渥太华	伊拉克
布宜诺斯艾利斯	泰国
巴西利亚	挪威
巴格达	阿根廷
达喀尔	塞内加尔
奥斯陆	巴西
曼谷	加拿大

235 谁是谁

仔细观察下面的图，并记住每个人说的话。

236 动物→类属

记住下列动物及其类属。

鹧鸪	→	鸟类
白蚁	→	昆虫
乌龟	→	爬行纲
凤尾鱼	→	鱼类
旱獭	→	哺乳纲

237 雨伞

仔细观察下面的图，试着找出其排列的规律，并记住图片中的元素。

235 汤姆总是说真话；狄克有时候说真话，有时候说假话；亨利总是说假话。请问图中的 3 个人分别是谁？

....

....

....

....

（答案见附录）

236 将动物及其对应的类属连线。

凤尾鱼	哺乳纲
乌龟	昆虫
鹧鸪	爬行纲
旱獭	鱼类
白蚁	鸟类

237 如果给中心的空白处添加一张图，应该放入哪一把雨伞？

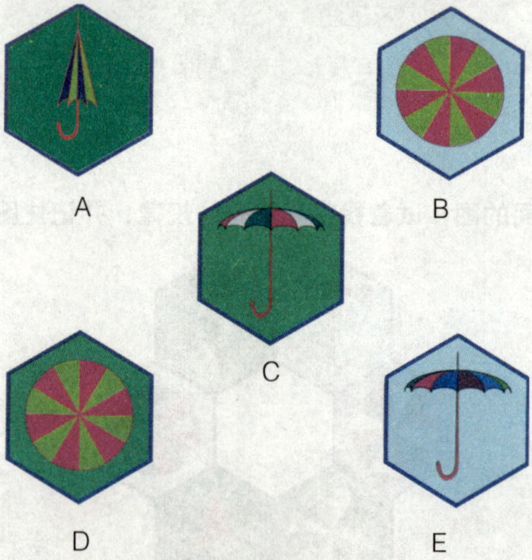

（答案见附录）

238 运动空间

下图中的每一个孩子都在做运动，但是，他们的运动器材并没有画出来。请仔细观察他们的姿势，想想他们在做什么运动。

239 符合规律

仔细观察下面的图片，它们按一定的规律排列着，请记住它们。

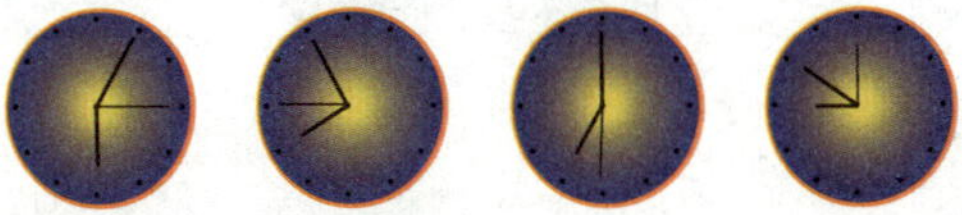

240 就诊

仔细观察下面的图片，并记住顺序。

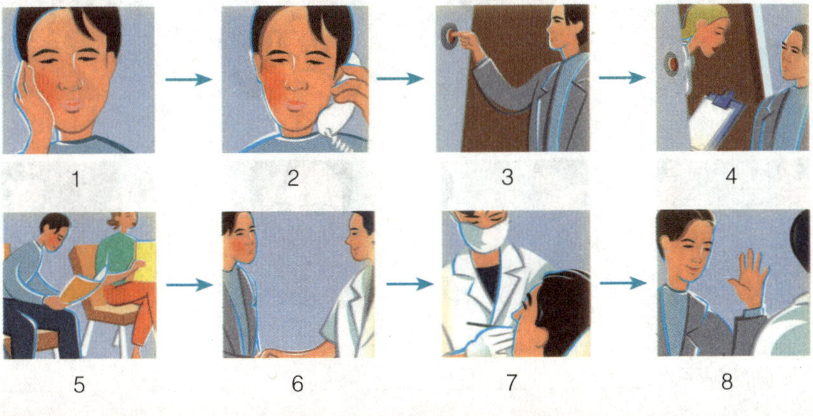

238 请将图片序号与运动相对应。

上页的运动有：高尔夫球、箭术、保龄球、举重、棒球、美式撞球、网球、击剑、排球、篮球、花样滑冰、足球。

1 →________	2 →________
3 →________	4 →________
5 →________	6 →________
7 →________	8 →________
9 →________	10 →________
11 →________	12 →________

（答案见附录）

239 A，B，C，D 中哪项符合第 1 行接下来的排列规律？

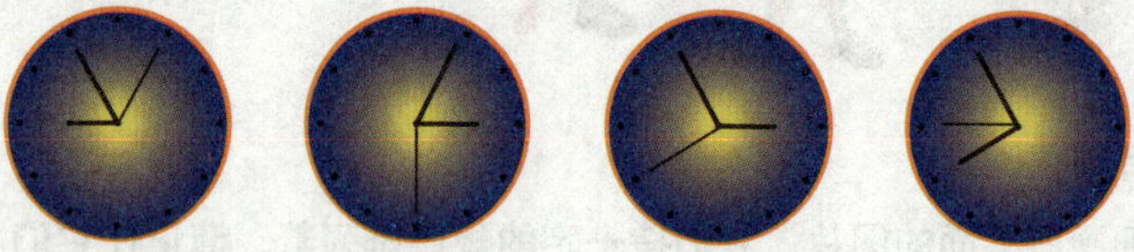

A　B　C　D

（答案见附录）

240 上页就诊的步骤你还记得吗？请按照正确的顺序将其重新排列。

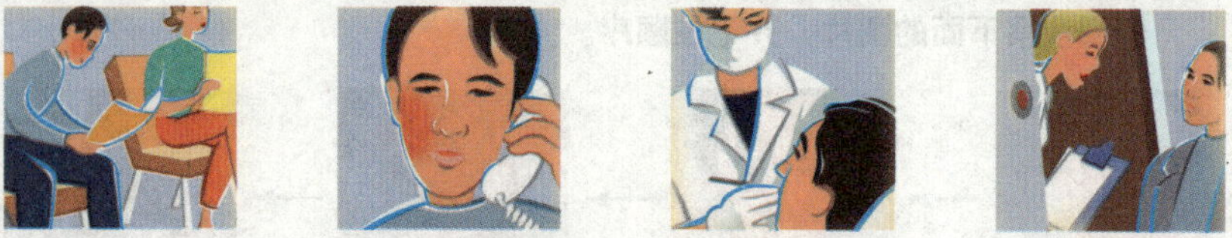

1　2　3　4

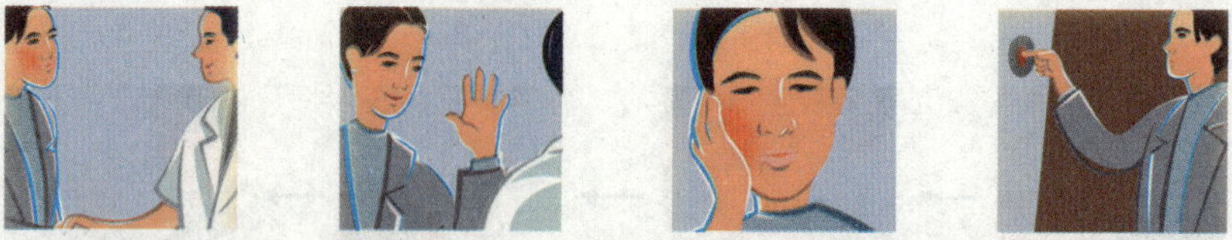

5　6　7　8

正确的顺序为：________________________________

241 服装→国家

记住下列服装对应的国家。

纱丽	→	印度
纱笼	→	泰国
缠腰式长裙	→	塔希提
南美牧人穿的披风	→	秘鲁
北非有风帽的长袍	→	摩洛哥

242 旋转的立方体 II

仔细地观察这个展开的立方体表面，记住图案及其位置。

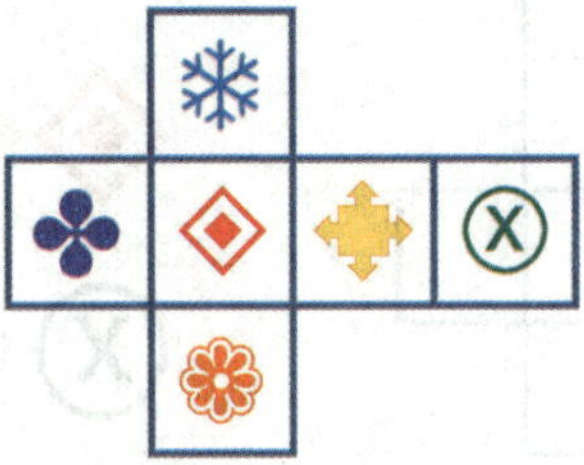

243 图形接力

仔细观察下面的 5 个图形，并试图找出规律记住它们。

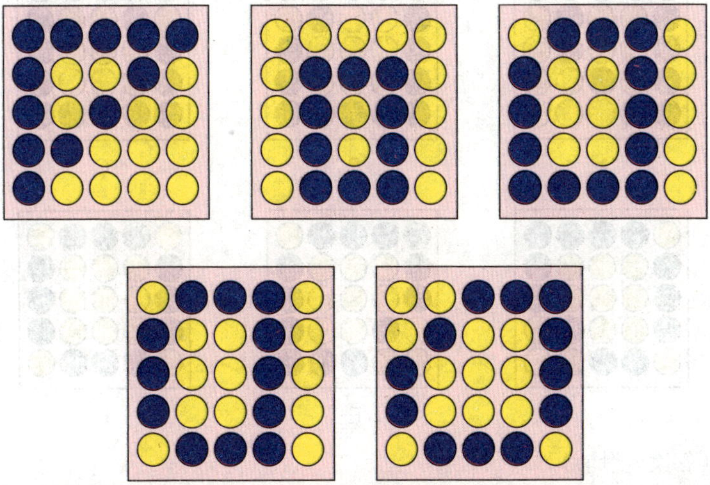

241 将服装及其对应的国家连线。

缠腰式长裙	泰国
纱笼	秘鲁
北非有风帽的长袍	印度
纱丽	塔希提
南美牧人穿的披风	摩洛哥

242 请把提供的元素重新放入展开的立方体表面。为了帮助你，一个元素已经被放置在其中了。注意，立方体被旋转了！

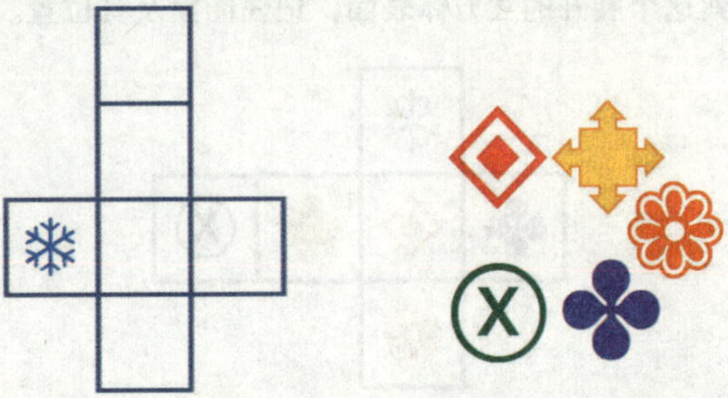

243 上页图接下来应该是哪一个图形？

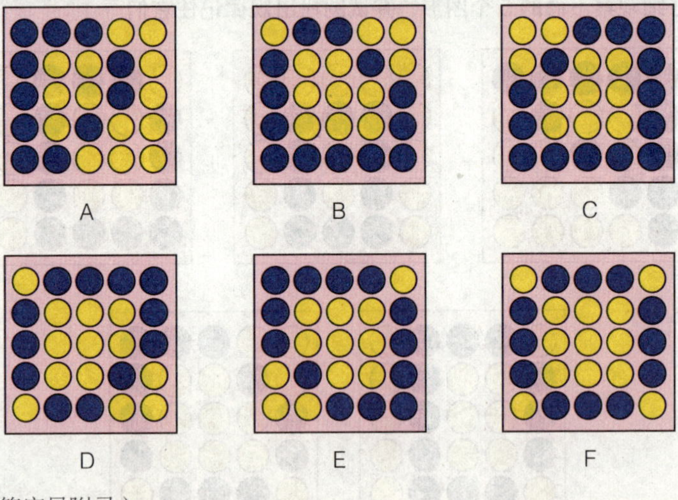

（答案见附录）

244 突变

仔细观察下面的 3 张卡片，并试着找出规律记住它们。

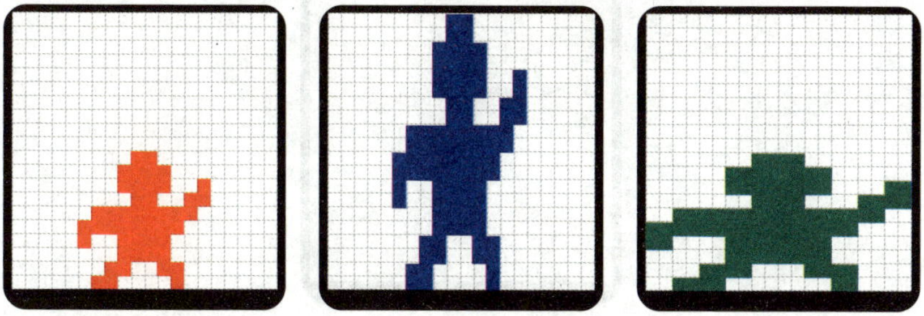

245 裁剪正方形

在大脑中完成以下操作：将一张正方形的纸进行折叠，然后如图所示，在完成折叠的最后一个步骤之后，用剪刀剪下所折成图形的一角。

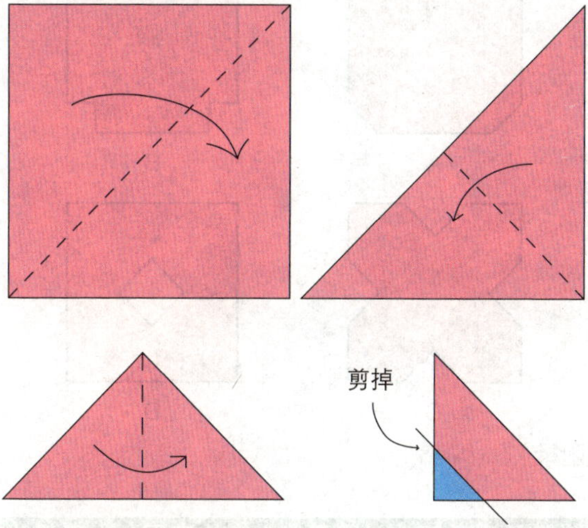

246 旋转的立方体 III

仔细地观察这个展开的立方体表面，记住图案及其位置。

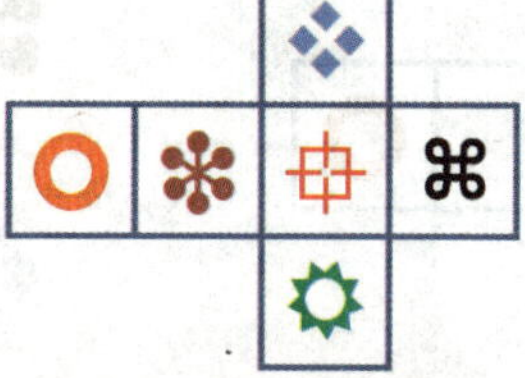

244 你找出规律了吗？你能把第 4 张卡片上的图也画出来吗？

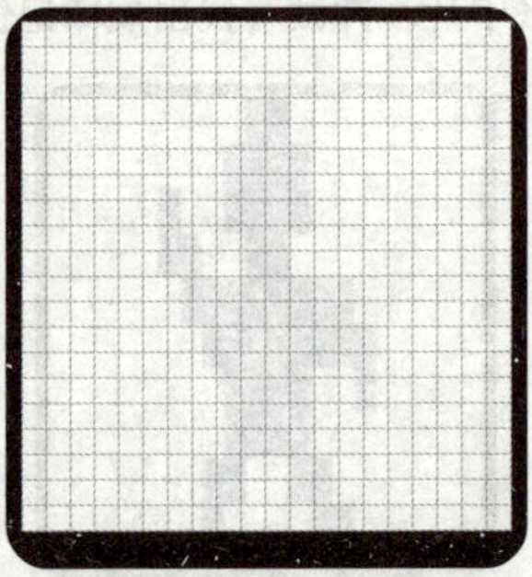

（答案见附录）

245 如果将纸张打开，所得到的正方形将会与哪一个选项类似呢？

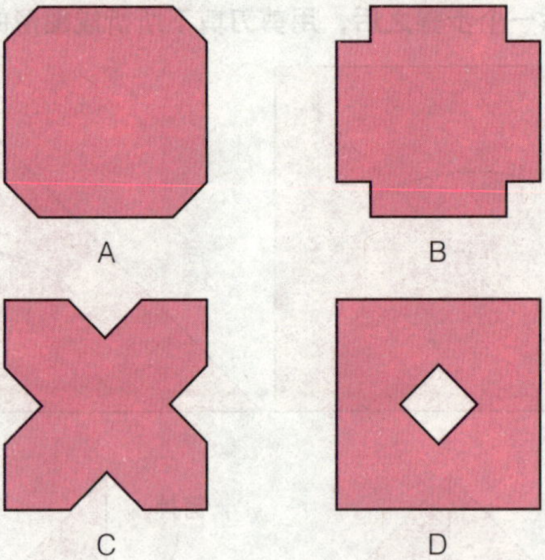

（答案见附录）

246 请把提供的元素重新放入展开的立方体表面。为了帮助你，一个元素已经被放置在其中了。注意，立方体被旋转了！

247 红绿灯

仔细观察下面的红绿灯，并记住细节。

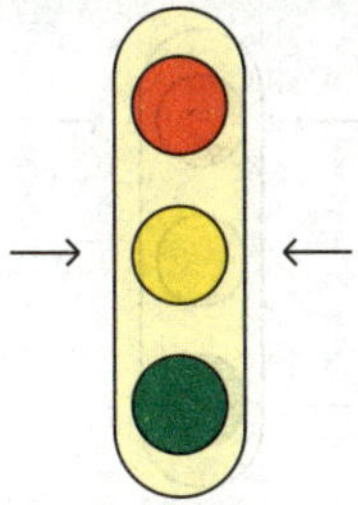

248 小丑表演

仔细观察下面的图片，并试图了解滑轮的连接情况。

249 植物→类属

记住植物及其类属。

桂皮	→	香料
哈密瓜	→	水果
北风菌	→	蘑菇
荞麦	→	谷物
接骨木	→	树木

247 上页的红绿灯你还记得吗？下面的哪一个选项可以接在题目所示图形的后面？

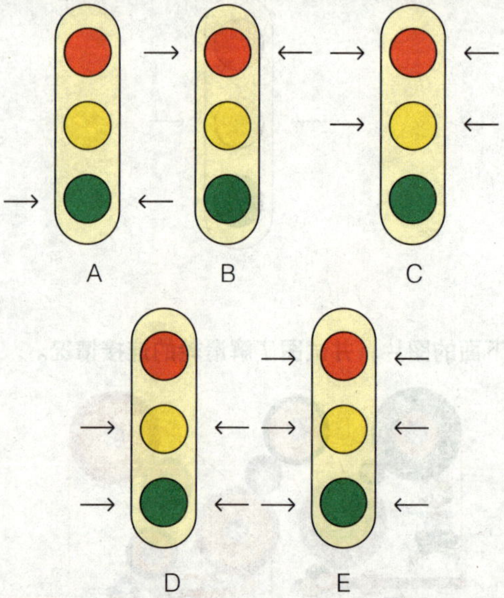

（答案见附录）

248 如果右下角的小丑拉动绳子，对于挂在绳子上的 7 个杂技演员来说，会发生什么事？他们当中哪些会上升，哪些会下降？

会上升的是：……………………

会下降的是：……………………

（答案见附录）

249 将植物及其对应的类属连线。

北风菌	香料
接骨木	谷物
哈密瓜	树木
荞麦	水果
桂皮	蘑菇

250 日光浴

仔细观察下面的图片，并记住顺序。

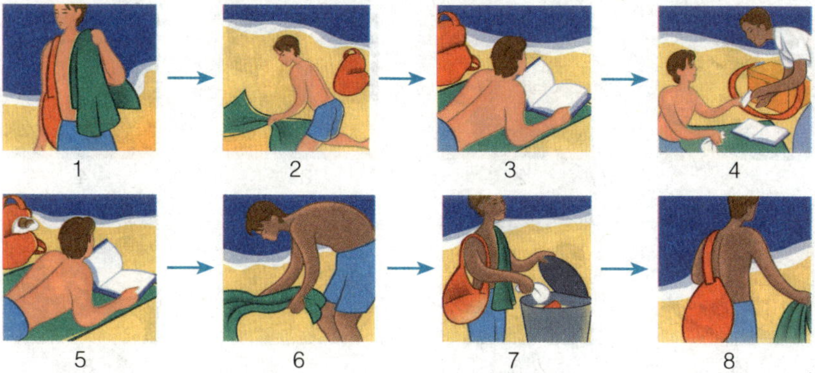

251 技术→职业

记住技术及其所属的职业。

修补→裁缝

调味→厨师

技术→职业

排空→机械师

截肢→外科医生

耕地→农业生产者

252 与人有约

仔细观察下面的图片，并记住顺序。

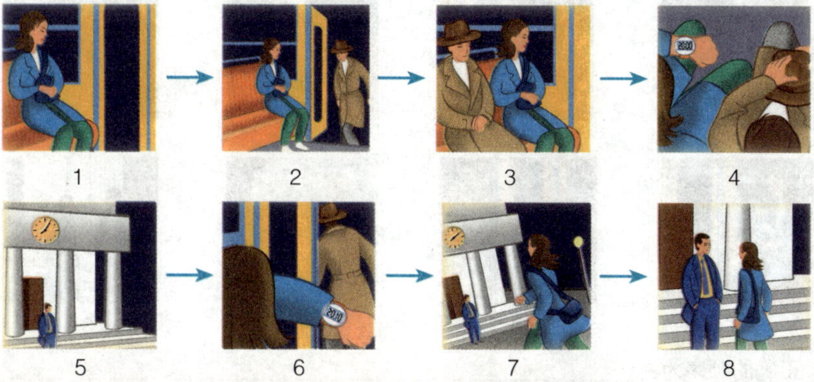

250 上页海边日光浴的顺序图你还记得吗？请按照正确的顺序将其重新排列。

1

2

3

4

5

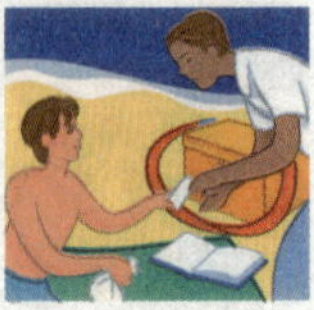
6

7

8

正确的顺序为：……………………

251 将技术及其对应的职业连线。

排空	外科医生
截肢	厨师
耕地	机械师
修补	农业生产者
调味	裁缝

252 上页的顺序图你还记得吗？请按照正确的顺序将其重新排列。

1

2

3

4

5

6

7

8

正确的顺序为：……………………

253 立方体展开

仔细观察下面的立方体，并记住细节。

254 缺少的图形

仔细观察下面的图片，试着找出规律记住它。

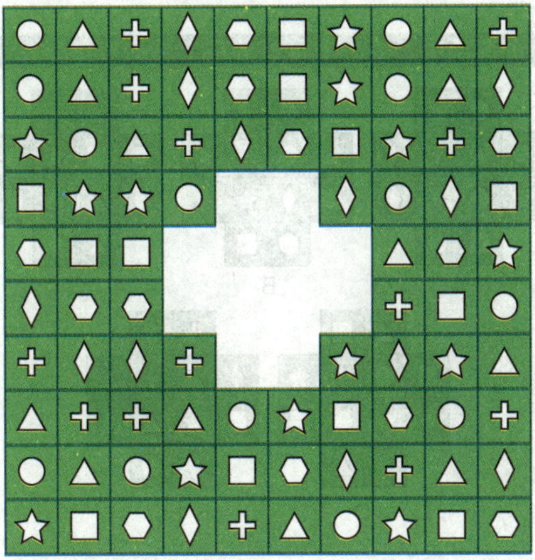

255 旋转的立方体Ⅳ

仔细地观察这个展开的立方体表面，记住图案及其位置。

253 下面 A，B，C，D，E 中哪张图纸能够折叠成上页图所示的立方体？

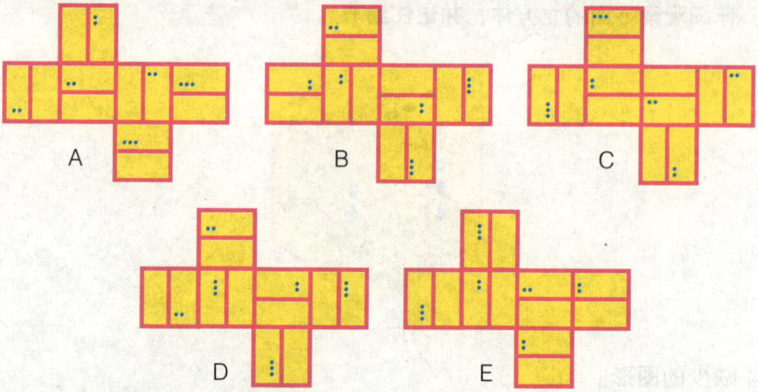

（答案见附录）

254 下面的 5 个选项中，哪一个可以放在上页的空白处？

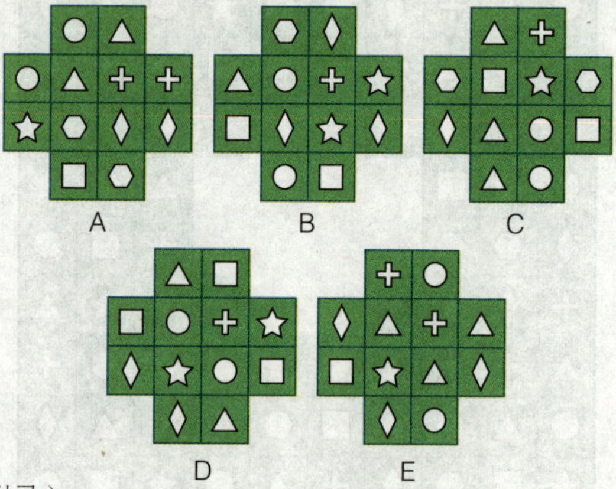

（答案见附录）

255 请把提供的元素重新放入展开的立方体表面。为了帮助你，两个元素已经被放置在其中了。注意，立方体被旋转了！

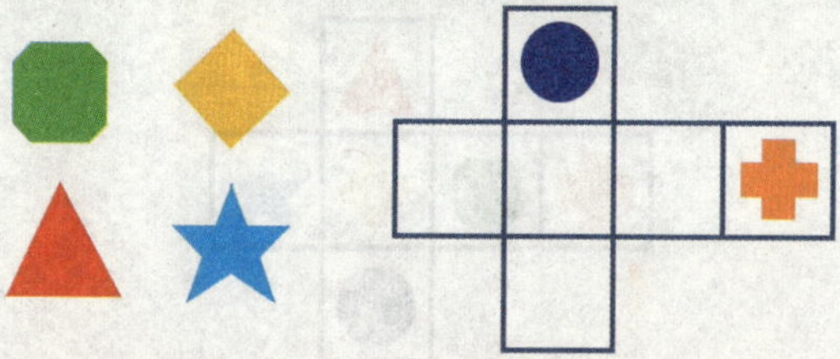

256 货币→国家

记住下面的货币及其使用的国家。

铢	→	泰国
比索	→	阿根廷
卢布	→	俄罗斯
列伊	→	罗马尼亚
谢克尔	→	以色列
第纳尔	→	阿尔及利亚

257 沙滩城堡

去沙滩玩，最快乐的事情莫过于堆一个沙滩城堡了！仔细观察下面的图，并注意细节。

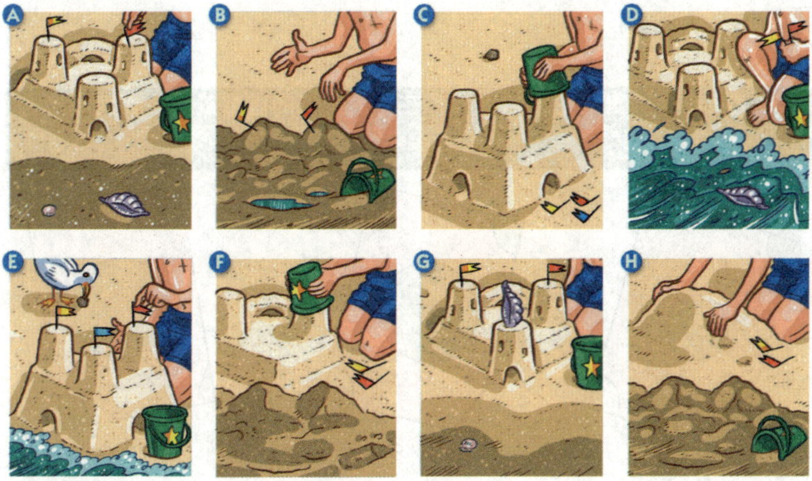

258 壁纸

仔细观察下面的壁纸，并注意细节。

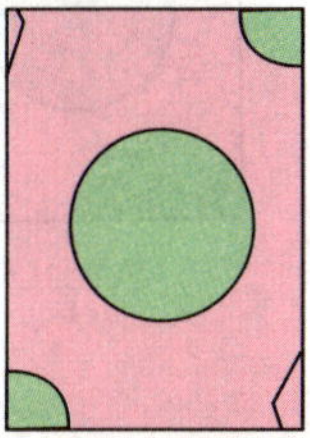

256 请将货币及其使用的国家连线。

卢布	泰国
第纳尔	阿根廷
谢克尔	罗马尼亚
铢	俄罗斯
列伊	以色列
比索	阿尔及利亚

257 这 8 张关于沙漠城堡的图片被打乱了顺序，请仔细观察每一张图片的内容，然后按照适当的顺序把它们排列出来。

□→□→□→□→□→□→□→□

（答案见附录）

258 上页已经给出墙壁纸的形状，在可供选择的墙壁纸中，哪两幅适合挂在它的两边？

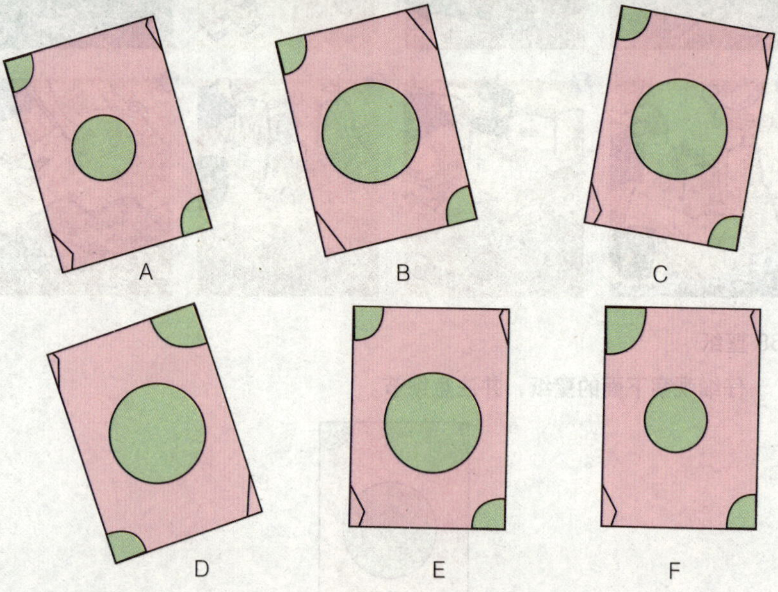

（答案见附录）

259 下一张牌

仔细观察下面的多米诺骨牌。

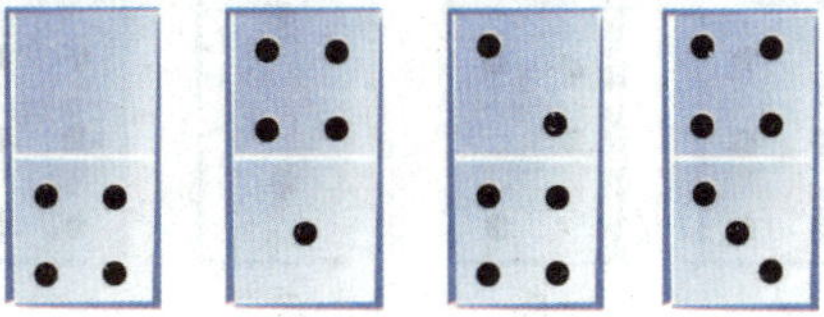

260 金鱼的故事

仔细观察下面的漫画，并注意细节。

261 树形家谱图 Ⅱ

下面人物的关系有点复杂，请记住他们的关系。

1. 朱丽是尤金的侄女。

2. 尤金有 3 个孩子，分别是马克、玛丽亚、莫里斯。

3. 朱丽有两个表姐妹，凯特和珍妮，以及一个表兄弟拉乌尔。

4. 玛丽亚有两个女儿，莫里斯有一个儿子。

262 符号

下面的这些图案是以一定的规律排列着，请记住它们。

259 在以下 4 个选项中，找出能够替代上页问号的多米诺骨牌。

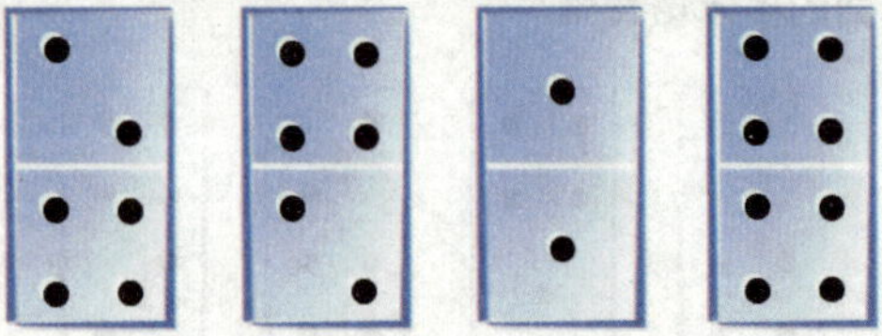

A　　B　　C　　D

（答案见附录）

260 上页的那组漫画讲了一个非常幽默的故事。不过图片的顺序被打乱了，你能把它们排好吗？

□→□→□→□→□→□→□→□

（答案见附录）

261 把每个家庭成员放在正确的位置。

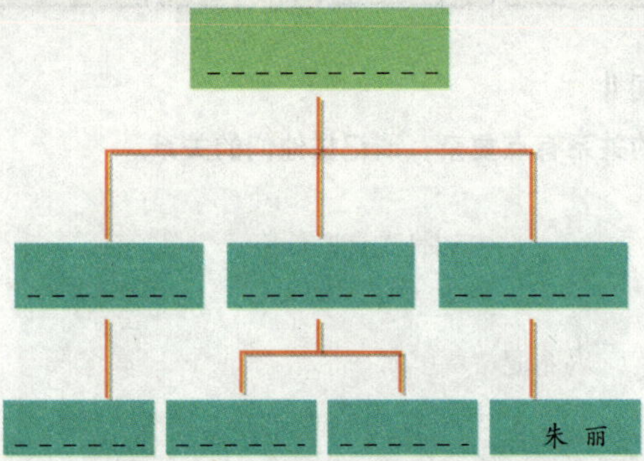

262 下列选项中哪一个符号可以将这个序列继续下去？

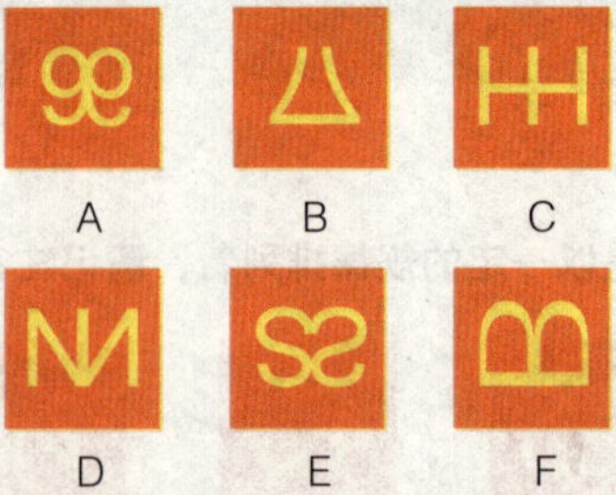

（答案见附录）

263 空缺图形

仔细观察下面的这一组图，它们是按照一定的规律排列的，请记住它们。

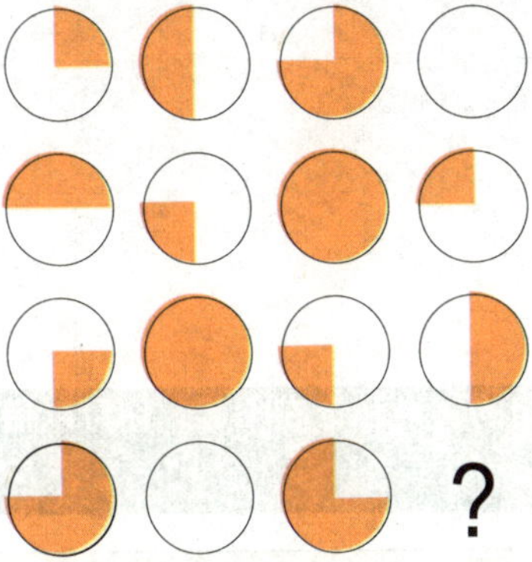

264 结伴游玩

仔细阅读下面这段文字，然后回答问题。可以不盖住文字。

欧德、芭芭拉、塞琳娜和黛尔芬，遇到了埃德蒙、弗雷德里克、纪尧姆和艾尔维，但是他们互不同意对方要做的。最后，根据每个人的品味形成了几对（一个女孩和一个男孩）。欧德想去迪斯科跳舞；芭芭拉和纪尧姆一起走；无论如何，塞琳娜不想和弗雷德里克一起做任何事；艾尔维去了电影院；弗雷德里克去听了一场管风琴音乐会；其中有一对将去公园散步。

265 树形家谱图 Ⅲ

树形家谱图以简单的方式标出一个家族的亲属关系，请记住它。

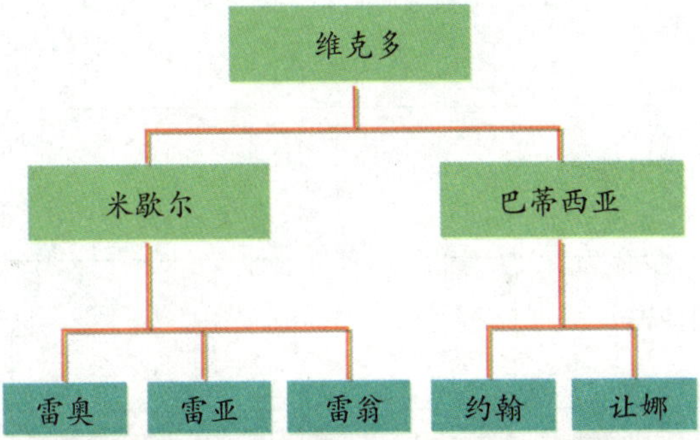

263 上页图的右下角有个空缺，你知道空缺的图形是什么吗？请画出来。

（答案见附录）

264 他们是怎么分组的，谁和谁在一起？你可以借助以下这个表格进行推理。

	埃德蒙	弗雷德里克	纪尧姆	艾尔维
欧德				
芭芭拉				
塞琳娜				
黛尔芬				

265 请回答下面的问题。

1. 谁是雷翁的祖父？

2. 谁是巴蒂西亚的兄弟？

3. 谁是约翰的叔叔？

4. 谁是雷亚的表姐妹？

5. 谁是雷奥的姨妈？

266 3 个男孩

仔细阅读下面的这段文字。

3 个男孩，约翰、弗雷德里克和查理，每个人乘坐自己的船，离开湖面。船的颜色分别是红色、绿色和蓝色。在红色船里的男孩是弗雷德里克的弟弟。约翰没有乘坐绿色的船。在绿色船里的男孩与弗雷德里克发生了争吵。

267 意外事件

仔细观察下面的图片，并记住顺序。

268 有去无回

仔细观察下面的漫画，并注意细节。

266 3 个男孩分别乘坐了什么颜色的船？

	红色的船	绿色的船	蓝色的船
约翰			
弗雷德里克			
查理			

267 上页意外事件的顺序图你还记得吗？请按照正确的顺序将其重新排列。

1

2

3

4

5

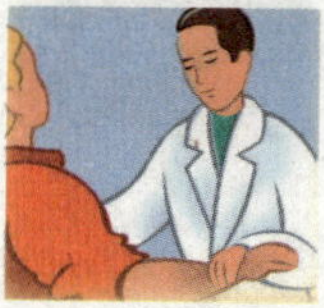

6

7

8

正确的顺序应该为：………………………………

268 上页的那组漫画讲了一个非常幽默的故事。不过图片的顺序被打乱了，你能把它们排好吗？

□→□→□→□→□→□→□→□

（答案见附录）

269 洗澡奇遇

仔细观察下面的漫画，并注意细节。

270 地球之最

请花几分钟记住下面的表格。

最高的山	珠穆朗玛峰（中国与尼泊尔境内）	海拔高度 8844.13 米
最大的岛	格陵兰岛（丹麦）	面积 217.56 万平方千米
最大的沙漠	撒哈拉沙漠（非洲）	面积 960 万平方千米
最大的洋	太平洋	面积 1.79 亿万平方千米
最大的湖	里海（亚洲西部）	面积 36.8 万平方千米
最高的湖	的的喀喀湖（秘鲁与玻利维亚）	海拔高度 38.12 米
最低的湖	死海（以色列与约旦）	海拔最低 -392 米
最深的湖	贝加尔湖（俄罗斯）	深度 1620 米
最长的河	尼罗河（非洲）	长度 6671 千米

269 上页的那组漫画讲了一个非常幽默的故事。不过图片的顺序被打乱了，你能把它们排好吗？

□→□→□→□→□→□→□→□

（答案见附录）

270 请在下面的空缺处填上正确的答案。

最高的山	________（中国与尼泊尔境内）	海拔高度 8844.13 米
最大的岛	________（丹麦）	面积 217.56 万平方千米
最大的沙漠	________（非洲）	面积 960 万平方千米
最大的洋	________	面积 1.79 亿万平方千米
最大的湖	________（亚洲西部）	面积 36.8 万平方千米
最高的湖	________（秘鲁与玻利维亚）	海拔高度 38.12 米
最低的湖	________（以色列与约旦）	海拔最低 -392 米
最深的湖	________（俄罗斯）	深度 1620 米
最长的河	________（非洲）	长度 6671 千米

附录 答案

023...

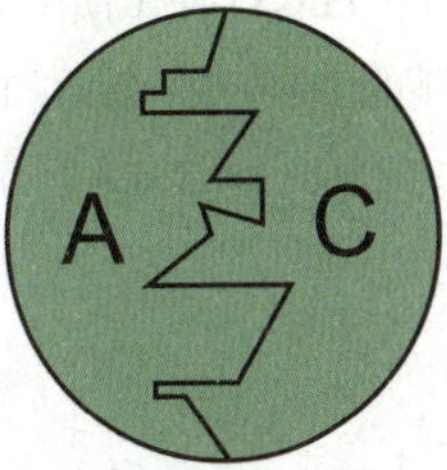

024...

1.1 个；2.5 个；3.13 个；4.27 个；5.48 个；6.78 个。

030...

F。

037...

3 和 5。

043...

1 图。

045...

B 。

046...

A 。

047...

E。

048...

C。

050...

F。

063...

第二个图。

125...

76 ；162。

130...

19。在每一行中，把左右两边的所有数字相加，结果都等于这一行最中间的数字。

149...

桥（Bridge）

砖（bricks）

小溪（brook）

树枝（branch）

辫子（braid）

手镯（bracelet）

刷子（brush）

肉汤（broth）

西兰花（broccoli）

面包（bread）

新娘（bride）

扫帚（broom）

支柱（braces）

脑（brain）

呼吸（breath）

野马（bronco）

150...

Two：glue（胶水），screw（螺丝钉），shoe（鞋）Four：core（of apple）（苹果核），door（门），oar（桨）

Six：bricks（砖），chicks（小鸡），sticks（棍子）

Eight：crate（板条箱），gate（大门），plate（盘子）

Ten：hen（母鸡），men（男人），pen（笔）

151...

1.FORK（叉子）

2.OCTOBER（十月）

3.MAID（女仆）

4.UMBRELLA（伞）

5.SOCK（袜子）

6.LINCOLN（林肯）

7.VIOLIN（小提琴）

8.BOWLING（保龄球）

9.DOG（狗）

10.BASKET（篮子）

11.HAMMER（锤子）

12.SHARK（鲨鱼）

13.CAST（石膏）

14.BEARD（胡子）

15.LADDER（梯子）

16.RAKE（草耙）

17.GLASSES（眼镜）

18.DETECTIVE（侦探）

剩下的字母连成一句话：The painter was caught red-handed（画家被发现是右撇子）

152...

Silo（贮仓）

flamingo（火烈鸟）

volcano（火山）

tornado（龙卷风）

tuxedo（骑马人身上的无尾礼服）

lasso（套索）

bronco（北美野马）

banjo（班卓琴）

cello（大提琴）

buffalo（水牛）

sombrero（墨西哥宽边帽）

mosquito（蚊子）

taco（墨西哥煎玉米卷）

tomato（西红柿）

photo（照片）

153...

DO（图6）：

dog（狗）

doll（娃娃）

donut（甜甜圈）

RE（图 3）：

refrigerator（冰箱）

reindeer（驯鹿）

remote（遥控器）

MI（图 1）：

microphone（麦克风）

milk（奶）

mime（滑稽演员）

FA（图 5）：

fan（电风扇）

fangs（尖牙）

faucet（水龙头）

SO（图 2）：

soap（肥皂）

socks（短袜）

sombrero（墨西哥宽边帽）

LA（图 4）：

ladder（梯子）

lake（湖）

laundry（洗好的衣服）

TI（图 7）：

tickets（票）

tie（领带）

tiger（老虎）

154...

Tic：

brick（砖）

chick（小鸡）

pick（镐）

stick（棍子）

Tac：

sack（麻袋）

stack（of paper）（纸堆）

track（轨道）

yak（牦牛）

Toe：

bow（弓形物）

crow（乌鸦）

hoe（锄头）

snow（雪）

155...

Blizzard（暴风雪），lizard（壁虎），wizard（巫师）

Bunny（小兔子），honey（蜂蜜），money（钞票）

Candle（蜡烛），handle（箱子的把手），scandal（反感）

Coaster（托盘），poster（海报），toaster（烤面包机）

Flower（花朵），shower（淋浴器），tower（塔楼）

Label（标签），stable（马厩），table（桌子）

156...

1.Gumball 口香糖

2.Handball 手球

3.Basketball 篮球

4.Crystal ball 水晶球

5.Football 足球

6.Hair ball 毛球

7.Meatball 肉团

8.Pinball 弹球

9.Mothball 卫生球

157...

1.Melon

2.Fall

3.Buffalo

4.Balloon

5.Polo

6.Colors

7.Slide

8.Skiing

158...

1.Keyboard 键盘

2.Clipboard 剪贴板

3.Backboard 篮板

4.Cardboard 硬纸板

5.Blackboard 黑板

6.Snowboard 滑雪板

7.Billboard 广告牌

159...

1. Apes Breaking Crayons（猿猴折断蜡笔）。

2. Ants Building Castle（蚂蚁筑城堡）。

3. Alice Buying Cherries（爱丽丝买浆果）。

4. Angels Baking Cookies（天使烤蛋糕）。

5. Adam Balancing Cows（亚当平衡牛）。

6. Astronauts Brushing Cats（宇航员给猫刷毛）。

160...

1.en key（烤箱钥匙）

2.nge kazoo（橘黄色的玩具笛子）

3.l kimono（画着猫头鹰的和服）

4.gami kilt（纸折的方格裙）

5.ly kayak（泛油光的小船）

6.opus king（章鱼之王）

7.al kite（椭圆形的风筝）

8.mpic kitten（穿着奥运衫的猫）

9.bitting kettle（在天上运行的水壶）

10.rich kiss（鸵鸟的亲吻）

11. kaleidoscope（老式的万花筒）

161...

第一栏：

Italy（意大利）/whistle（哨子）

Canada（加拿大）/sandals（凉鞋）

Norway（挪威）/snowboard（滑雪板）

Hungary（匈牙利）/hourglass（沙漏）

第二栏：

Egypt（埃及）/teapot（茶壶）

Sweden（瑞典）/sword（宝刀）

India（印度）/sundial（日晷）

France（法国）/fan（扇子）

162...

1.Pear chair（梨做的椅子）

2.Pickle nickel（腌黄瓜做的五分币）

3.Cheese skis（奶酪的滑雪板）

4.Frank tank（热狗做成的坦克）

5.Cake lake（蛋糕湖）

6.Corn horn（玉米做成的喇叭）

7.Jell-o cello（果冻做成的大提琴）

8.Bread bed（面包做成的床）

163...

1.Chimp blimp（坐着黑猩猩的软式小型飞船）

2.Crab cab（坐着螃蟹的出租车）

3.Actor tractor（坐着演员的拖拉机）

4.Dragon wagon（坐着龙的四轮小车）

5.Bowler stroller（玩滚球的人坐在婴儿车上）

6.Shark ark（坐着鲨鱼的方舟）

7.Sheep jeep（坐着绵羊的吉普车）

8.Collie trolley（坐着牧羊犬的手推车）

164...

1.POOL（游泳池）LOOP（环状）

2.STRAW（吸管）WARTS（瘊子）

3.BUS（公交车）SUB（潜水艇）

4.STEP（台阶）PETS（宠物）

5.STAR（明星）RATS（老鼠）

6.GUM（口香糖）MUG（大杯）

7.DRAWER（抽屉）REWARD（赏金）

8.STRESSED（紧张的）DESSERTS（甜点）

165...

1.PUMPKIN GAME（南瓜游戏）

2.POLICE GORILLA（大猩猩警察）

3.PET GIRAFFE（宠物长颈鹿）

4.PAINTED GUITAR（刷过油漆的吉他）

5.PURPLE GRASSHOPPER（紫色的蚱蜢）

6.POPSICLE GARDEN（棒冰花园）

7.PINAPPLE GLASSES（菠萝眼睛）

8.PEACOCK GOWN（孔雀服）

9.PRETZEL GLUE（椒盐卷胶水）

10.PEANUT GLOBE（花生形的地球仪）

11.PRIZE GOLDFISH（获奖的金鱼）

12.PENCIL GATE（铅笔大门）

166...

1.BLUE JAY（冠蓝鸦）

2.BLACK WINDOW（黑色的窗户）

3.BLUE JEANS（牛仔裤）

4.BLACK BELT（跆拳道黑带）

5.GREEN BEANS（青豆）

6.YELLOW PAGES（电话黄页）

7.BLUE RIBBON（蓝丝带——象征勋章）

8.BLUEBERRIES（蓝莓）

9.ORANGE JUICE（橙汁）

10.WHITE BREAD（白面包）

11.RED SOX（红色的短袜）

12.YELLOW BRICK ROAD（黄砖路）

13.RED CARPET（红地毯）

14.GREENHOUSE（温室）

15.WHITE HOUSE（白宫）

16.REDHEAD（红发的人）

17.BLACKBOARD（黑板）

18.BLACKSMITH（铁匠）

19.BLACK EYE（黑眼睛）

20.BLUEPRINT（设计图）

21.YELLOW JACKET（黄色的夹克）

22.WHITE RABBIT（白色的兔子）

167...

1.Skater and waiter（滑雪者和服务生）

2.Diver and driver（潜水员和司机）

3.Charmer and farmer（魔术师和农民）

4.Fighter and writer（拳击手和作家）

5.Drummer and plumber（鼓手和管道工）

6.Sailor and tailor（水手和裁缝）

7.Chef and ref（厨师和裁判员）

220...

A。大图形每次顺时针旋转 90°，小图形每次顺时针旋转 120°。

223...

D。每个多米诺骨牌数字（包括空白）在每行、每列中出现 1 次。

226...

C。从左上角开始并按照顺时针方向、以螺旋形向中心移动。7 个不同的符号每次按照相同的顺序重复。

227...

4。

228...

答案是 B，每个图形每次朝逆时针方向旋转 90°。

229...

D。

231...

A。

233...

A。横行决定箭头的特征：空白，有边缘。左斜线方向决定了箭头的指示方向。右斜线方向决定了箭头的颜色。

235...

右边的是汤姆，中间的是亨利，左边的狄克，而且狄克说谎了。

237...

D。

这个方向决定背景颜色：

这个方向决定雨伞颜色：

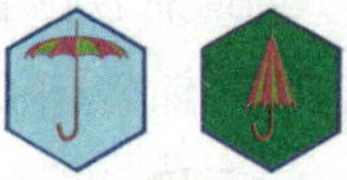

这个方向决定形状：

238...

1. 篮球
2. 击剑
3. 高尔夫球
4. 美式撞球
5. 举重
6. 保龄球
7. 网球
8. 排球
9. 足球
10. 棒球
11. 箭术
12. 花样滑冰

239...

D。秒钟数朝前走 30，朝后走 15，交替变化。分钟数朝后走 10，朝前走 5，交替变化。时钟数朝前走 2，朝后走 1，交替变化。

243...

F。在每个图形中，蓝色的圆组合在一起，形成直边的多边形。从左向右，再从上面一行到下面一行，每个多边形的边数从 3 条到 8 条，分别增加 1 条。

244...

如下图所示。比原始卡片的宽和高都增加了 1 倍。

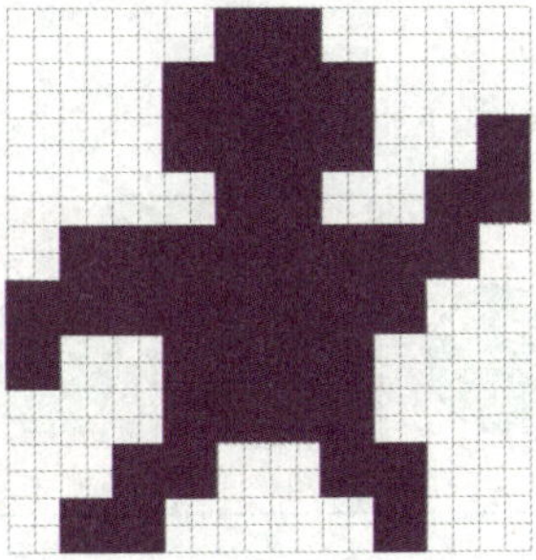

245...

C。

247...

B。从上到下，交通灯的颜色依次是红色、黄色和绿色。它们的变化情况如下：红色和黄色一起变成绿色，然后是黄色，再次是红色。当黄灯亮的时候，接下来应该是红灯亮。

248...

1，3，5，7，会上升；

2，4，6，会下降。

253...

B。

254...

C。从左上角开始并按照顺时针方向、以螺旋形向中心移动。7 个不同的符号每次按照相同的顺序重复。

257...

正确的顺序是：C, E, B, H,F, D, A, G。

258...

C 和 E。

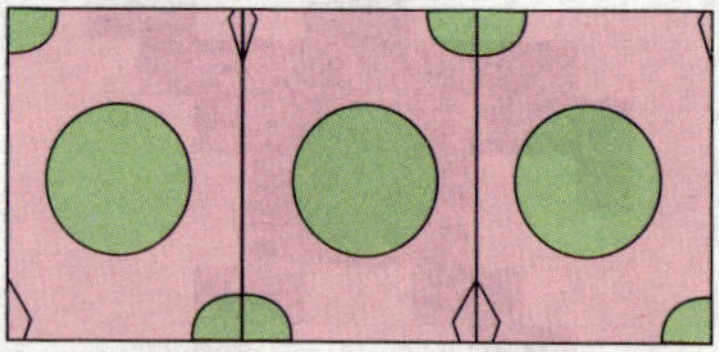

259...

D 。多米诺骨牌上部和下部的点数轮流增加 1，而另一部分总是有 4 点。

260...

正确的顺序是：3，6，1，5，2，4。

262...

A。前 5 个符号是数字 1~5 颠倒后的映像。符号 A 是数字 6 颠倒后的映像。

263...

在每行中，从左边的圆圈开始，沿着顺时针方向增加 1/4，即得到下一个图形，圆圈的颜色互相颠倒。

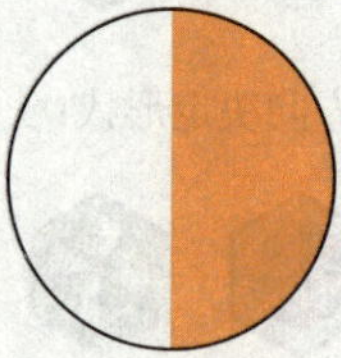

268...

正确的顺序是：4，6，2，1，5，3。

269...

正确的顺序是：3，4，1，6，2，5。